含章 新实用

阅读图文之美 / 优享健康生活

养生

米糊豆浆杂粮粥

速查全书

高海波　于雅婷　编著

江苏凤凰科学技术出版社 · 南京

图书在版编目（CIP）数据

养生米糊豆浆杂粮粥速查全书 / 高海波，于雅婷编著 . — 南京 : 江苏凤凰科学技术出版社，2022.11

ISBN 978-7-5713-3227-3

Ⅰ . ①养… Ⅱ . ①高… ②于… Ⅲ . ①豆制食品 – 饮料 – 制作 ②杂粮 – 粥 – 食谱 Ⅳ . ① TS214.2 ② TS972.137

中国版本图书馆 CIP 数据核字 (2022) 第 170077 号

养生米糊豆浆杂粮粥速查全书

编　　著	高海波　于雅婷
责任编辑	汤景清　向晴云
责任校对	仲　敏
责任监制	方　晨
出版发行	江苏凤凰科学技术出版社
出版社地址	南京市湖南路 1 号 A 楼，邮编：210009
出版社网址	http://www.pspress.cn
印　　刷	天津丰富彩艺印刷有限公司
开　　本	718 mm × 1 000 mm　1/16
印　　张	14.5
插　　页	1
字　　数	362 000
版　　次	2022 年 11 月第 1 版
印　　次	2022 年 11 月第 1 次印刷
标准书号	ISBN 978-7-5713-3227-3
定　　价	49.80 元

前言

喝出营养，吃出健康

五谷杂粮是人们日常生活中必不可少的美食，它们的吃法丰富多样，可做主食或煲汤，也可制成各式各样的米糊、豆浆以及杂粮粥。我国幅员辽阔、地大物博，各种米糊、豆浆、杂粮粥的做法也是各具特色。例如黑豆桂圆粥，以黑豆、桂圆等为主要原料精制而成，具有黑豆和桂圆的浓郁芳香，品尝起来香甜可口，食而不腻，回味无穷；田园蔬菜粥，选料精益求精，制作精细，营养丰富，老少咸宜，是国人喜爱的美食之一；山药枸杞粥又被称为“药膳粥”，采用新鲜山药搭配枸杞子熬制而成，风味独特。此外，还有清热解暑的绿豆粥、营养美味的黑豆浆、咸香可口的绿豆海带粥、安神宁心的银耳莲子米糊等，同样别具特色。

本书涵盖了中华传统养生理论与现代医学养生知识，科学养生的健康理念，搭配着国人日常的饮食习惯，系统介绍了五谷杂粮与健康养生的关系，以及各种养生米糊、豆浆、杂粮粥的具体制作步骤和营养价值，还为不同人群提供了科学实用的食物养生指导。全书根据常见病症、细分人群、不同季节等对食用杂粮进行分类，介绍了丰富多样的养生米糊、美味豆浆、营养杂粮粥的做法，内容全面、体例清晰。书中并没有高深莫测、枯燥乏味的健康医学理论，而是把读者关注的健康饮食知识融入日常饮食之中，分别介绍了每道食谱的材料、做法、养生功效以及适合和忌用人群，内容深入浅出、简明扼要。与此同时，我们为每道米糊、豆浆、杂粮粥都配有相应的精美图片，方便读者按图索骥，找到自己心仪的美味膳食。

浓香的米糊，可口的豆浆，软糯的粥膳，道道美味，让人垂涎欲滴。

读者在家中仅利用简单的食材即可做出美味又健康的佳肴，不用去餐厅消费即可让全家每天都能享用到营养美味的米糊、豆浆、杂粮粥。每一道食谱都经过我们的精心挑选，美味可口、营养丰富。还等什么呢？快点动起手来，和家人一起享用新鲜可口、绿色健康、富有营养的美味佳肴吧！

目录

第一章　米糊豆浆杂粮粥基本知识

第二章　米糊豆浆杂粮粥增强体质

第三章　米糊豆浆杂粮粥养颜塑身

第四章　米糊豆浆杂粮粥四季调养

第五章　米糊豆浆杂粮粥因人补益

第六章　米糊豆浆杂粮粥防病祛病

第一章

米糊豆浆杂粮粥基本知识

本章从认识五谷杂粮开始，介绍了相关材料的挑选技巧，豆浆机的选择与使用，养生膳食的做法、功效，以及如何使用豆浆或米糊为主料做出美味可口的美食，并对大家在饮用米糊、豆浆和杂粮粥中存在的一些问题和顾虑进行释疑，以帮助大家亲手制作出健康又美味的米糊、豆浆和杂粮粥。

米糊豆浆杂粮粥的养生密码

简单易做的养生米糊

将五谷杂粮磨成粉面之后，加水煮至糊化，形成的具有一定黏度和稠度的半固态物质即为米糊。因为米糊介于干性和水性之间，口感细腻，容易吸收，所以常作为婴幼儿、老年人、胃肠虚弱者的滋补食物。不过米糊也并非体虚者的专属，米糊中加入适当的果蔬、坚果等做成简易而营养的早餐，也绝对不失为一项明智之举。

与其他饮食相比，米糊具有以下优势。

1. 营养均衡　米糊以米类、豆薯类为主，可选择的材料有大米、小米、糙米、各种豆类、红薯、紫薯等，既可单一食用，也可随意搭配，还可根据营养互补和个人口味添加适当的应季水果、蔬菜以及肉、奶、蛋等。总之，只要符合营养搭配原则，就可以随意添加其他食物，保证营养均衡。

2. 简单省时　随着各类米糊机、豆浆机的问世和不断改进，只需将准备打磨的食材放入机器内，加入适量水，轻轻按下开关，5~10 分钟后，一碗热腾腾的米糊就做好了，简单快速的做法足以跟上现代人匆忙的步调。

3. 容易吸收　现在许多人因为久坐、少运动的原因，胃肠消化能力明显下降，即使正常饮食也经常出现消化不良的症状。虽然这并不意味着脾胃虚弱者应把米糊当主食，但如果将其作为早餐或夜宵，的确是不错的选择。

流传千年的养生豆浆

豆浆是深受大家喜爱的一种饮品，也是一种老少皆宜的营养食品，享有“植物奶”的美誉。随着豆浆营养价值的广为传播，关于豆浆所承载的历史文化，也引起了人们的关注。我们祖祖辈辈都在食用的豆浆，它的来历究竟是怎样的呢?

相传，豆浆是由西汉时期的刘安创造的。淮南王刘安很孝顺，有一次他的母亲患病，他请了很多医生，用了很多药，母亲的病总是不见起色。慢慢地，他母亲的胃口变得越来越差，还出现了吞咽食物困难的现象。刘安看在眼里，急在心头。因为他的母亲很喜欢吃黄豆，但由于黄豆相对较硬，吃完之后不好消化，所以刘安每天把黄豆磨成粉状，再用水冲泡，以方便母亲食用，这就是豆浆的雏形。或许是因为豆浆的养生功效，又或者是因为刘安的孝心感动了上天，其母亲在喝了豆浆之后，身体逐渐好转起来。后来，这道因为孝心而成的神奇饮品，就在民间流传开来。

考古发现，关于豆浆的最早记录是在一块我国出土的石板上，石板上刻有古代厨房中制作豆浆的情形。经考古论证，石板的年份为公元 25~220 年。公元 82 年撰写的《论行》的一个章节中，也提到过豆浆的制作。不管是考古论证还是民间传说，都说明豆浆在我国已经走过了千年的历史，而且至今仍旧焕发着强大的生命力。实际上，豆浆不仅是在我国受到欢迎，还赢得了全世界人们的喜爱。

豆浆的身体补给之用

中医认为豆浆性平味甘，具有补虚润燥、清肺健脾、宽中益气等功效。而从现代营养学的角度来看，豆浆的营养则主要体现在以下八大营养素上。

1. 大豆蛋白质　豆类中的大豆蛋白为植物性蛋白，除了蛋氨酸含量略低外，其余人体必需的氨基酸含量都很丰富。最重要的是大豆蛋白，在基因结构上最接近人体氨基酸，如果想要平衡地摄取氨基酸，豆浆可以说是最好的选择之一。

2. 皂素　原味豆浆带有少许涩味，这是由于豆类中含有少量皂素造成的。皂素具有抑制活性氧的作用，可有效预防因日晒造成的黑斑、雀斑等皮肤老化问题，特别适合高胆固醇以及肥胖的人群食用。

3. 大豆异黄酮　豆浆中的大豆异黄酮又被称作“植物雌激素”，它能与女性体内的雌激素受体相结合，对雌激素起到双向调节的作用，对于预防乳腺癌和减轻女性更年期症状皆有一定的帮助。

4. 大豆卵磷脂　大豆卵磷脂为磷质脂肪的一种，主要存在于蛋黄、大豆、动物内脏中。卵磷脂可调节胆固醇，并且基本上没有任何副作用。一般情况下，每天食用 5~8 克大豆卵磷脂，坚持 2~4 个月就可起到稳定胆固醇的效果。

5. 脂肪　大豆含有20%左右的脂肪，且主要为不饱和脂肪酸。所以，大豆脂肪不仅不会导致肥胖，而且具有保护心脑血管、预防血脂异常的作用，适合高血压患者食用。

6. 低聚糖　原味豆浆即使不加糖也具有一股淡淡的清甜味，这主要是其中含有低聚糖的缘故。低聚糖可以帮助维护肠道菌群的生态平衡、促进营养的吸收，减少肠道有害毒素的产生，具有很好的护肠整肠作用。

7. B族维生素、维生素E　豆浆含有丰富的B族维生素和维生素E，对维持身体正常代谢、皮肤健康，预防口角溃烂、脚气病，保护视力、预防近视和改善夜盲症，清除自由基，预防衰老皆具有一定功效。

8. 矿物质　豆浆中含有丰富的矿物质。其中，镁能够促进血管、心脏、神经的健康；钾能够帮助钠排泄，调整血压；铁可以帮助改善缺血症状，令脸色红润有光泽。

饮用豆浆的诸多好处

都说豆浆营养丰富，有益健康，但具体的益处到底有哪些呢？如果您已经有了常喝豆浆的打算或习惯，那么坚持一段时间下来，相信也可以收获以下众多益处。

1. 强壮身体　豆浆中不仅富含各种营养素，且容易被身体吸收利用，经常饮用对增强体质和提高机体免疫力皆有很大帮助。

2. 美容养颜　豆浆中所含的植物性雌激素、卵磷脂、维生素E、铁元素等，对调节女性内分泌系统，改善肤质皆有明显效果，坚持饮用可获得令人满意的美容功效。

3. 延缓衰老　豆浆中含有维生素E、维生素C、硒等抗衰老元素，能够有效延缓细胞，尤其是脑细胞的老化，是延缓衰老的佳品。

4. 预防糖尿病　豆浆中含有大量膳食纤维，能有效地阻止糖分的过量吸收，从而起到预防糖尿病的作用，也可作为糖尿病患者的辅助膳食。

5. 预防高血压　钠含量过高是引发高血压的主要原因之一，豆浆中所含的豆固醇和钾、镁等元素都是强有效的抗钠物质，因此经常饮用豆浆可起到预防高血压的作用。

6. 缓解支气管炎　豆浆中所含的谷氨酸具有缓解支气管炎平滑肌痉挛的作用，支气管炎患者常饮用豆浆可起到减少或减轻支气管炎发作的作用。

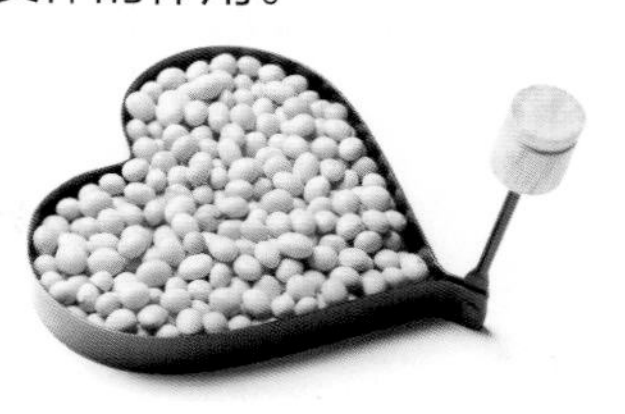

杂粮粥的养生之道

粥在我国传统饮食文化中一直有着“世间第一补人之物”的美称，足见世人对粥的热爱以及其补益功效之显著。但具体有何养生作用，每一款粥都各不相同，这里仅将一般家常杂粮粥的补养益处罗列如下。

1. 增气力　粥具有滋补强身的功效，经常食用可增气力，强筋骨。

2. 美容颜　食粥可很好地滋润五脏，一段时间后就可以由内到外提升气色，起到美丽容颜的效果。

3. 消宿食　粥本身即为易消化之物，很适宜积食者食用；且食粥能够温暖脾胃，促进胃中积食的消化。

4. 调养肠胃　粥为米与水的混合物，软烂易嚼，容易消化，尤宜脾胃功能不佳的人食用。

5. 预防便秘　粥中含有大量水分，经常喝粥不仅可果腹充饥，还能为身体提供水分，滋润肠道，预防便秘。

6. 延年益寿　很多长寿者皆有食粥的习惯，随着年龄的增长，人体各项机能开始衰退，此时多进食一些粥汤食品可起到方便吸收、延年益寿的作用。

英文名：soybean | 别名：大豆、菽 性味：性平，味甘 归经：入脾、大肠经

黄豆

【补脾益气，消热解毒】

黄豆中的不饱和脂肪酸和大豆卵磷脂能保持血管弹性，还具有利肝的作用，并能保持精力充沛。另外，黄豆特别适合骨质疏松患者食用，也适宜动脉硬化、高血压、冠心病、高脂血症、糖尿病患者和气血不足、营养不良等人群食用。

【主产地】

东北、华北及长江下游地区。

花

性平，味甘，无毒，适用于目盲、翳膜的人群。

叶

性平，味甘，无毒，适用于蛇咬毒。

选购窍门

黄豆应具有该品种固有的色泽，颗粒饱满且整齐均匀，无破瓣，无缺损，无虫害，无霉变，无挂丝。优质黄豆具有正常的香气和味道，有酸味或霉味者质量不佳，不宜选购。

膳食选荐 薏米燕麦豆浆

材料

薏米20克，生燕麦片30克，黄豆50克，白糖适量。

做法

❶ 黄豆洗净，用清水浸泡 6~8 小时；薏米洗净，用清水浸泡 4 小时；生燕麦片洗净，用清水浸泡半小时。

❷ 将以上食材全部倒入豆浆机中，加水至上、下水位线之间，按下“豆浆”键。

❸ 待豆浆机提示豆浆做好后，倒出过滤，再加入适量的白糖拌匀即可。

养生功效

薏米利水，燕麦通便，黄豆清热，三者打成的豆浆对便秘有明显改善作用。

储存妙方

• 黄豆适宜低温密闭储藏。将符合安全水分标准的黄豆，在冬季气候干燥和低温条件下储藏于密闭空间，以保持其低温状态。这样能防止黄豆吸湿增水、走油和赤变。

英文名：mungbean | 别名：青小豆　性味：性凉，味甘　归经：入心、胃经

绿豆

【消肿通气，清热解毒】

绿豆可消肿通气、清热解毒，适合丹毒、烦热风疹患者食用。此外，绿豆有清热、补益元气、解酒之效。可用于缓解痈疽疮肿、烫伤烧伤、痘疮等。适宜中毒者、疮疖痈肿、丹毒、中暑、高血压、水肿患者食用。

【主产地】

黄河、淮河流域及东北地区

荚

适合长期血痢、经久不愈的人群。将绿豆荚蒸熟后食用，改善效果极好。

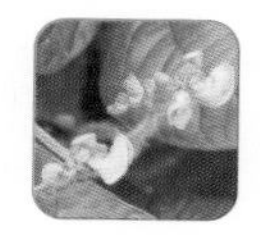

花

能解酒毒。

叶

用于呕吐下泄。将绿豆叶绞出汁，伴醋，温热时服下。

选购窍门

挑选绿豆的时候不应选霉烂的、有虫口和变质的，这种绿豆的口感已发生变化，而且含有一定的有毒物质。绿豆是否霉烂直接看其表面即可判断，有些霉烂的绿豆还有难闻的味道，用鼻子仔细闻一下即可发现。变质的绿豆和霉烂的绿豆一样也含有一定的有毒物质，变质的绿豆一般颜色绿中带黑。

膳食选荐

绿豆薏米南瓜汤

材料

绿豆100克，薏米30克，南瓜100克，冰糖5块，水5碗。

做法

❶ 薏米洗净，提前浸泡1~2小时；绿豆洗净；南瓜洗净，削皮切块。

❷ 将水倒入砂锅煮沸，放入绿豆和薏米，小火煮30分钟至绿豆和薏米微烂，加入南瓜块和适量冰糖，煮至南瓜软烂即可。

养生功效

薏米利水，绿豆解毒，南瓜益气，三者同食，清热解毒、美白润肤的效果更佳。

储存妙方

• 绿豆饮品是解暑利器，但如何保存绿豆却是个让人头疼的问题。其实只要先杀死绿豆中的虫卵，再把绿豆放在开水中浸泡10分钟，然后捞起晒干，用罐子密封好就可以了。已经生虫的绿豆也可用开水泡（时间要长一些），以后就不会再生虫。也可以将绿豆放在塑料饮品瓶里，放入冰箱保存。

英文名：red bean | 别名：赤豆、红饭豆、米赤豆　性味：性平，味甘、酸　归经：入心、小肠经

红豆

【利水除湿，活血排脓】

红豆具有利水除湿、活血排脓、消肿解毒的作用，患有脚气病、黄疸，经常泻痢、便血的人可以食用，脾虚水肿、肝硬化、肝腹水患者也可以适量食用，具有补体虚的作用。

【主产地】

吉林、北京、天津、河北、陕西、山东、安徽、江苏、浙江、江西、广东、四川以及山西北部。

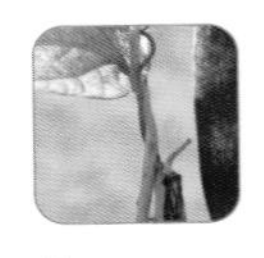

茎

茎性平，味甘，有催吐、泻下的作用。

叶

叶性平，味甘，无毒，可去烦热、止尿频、明目。

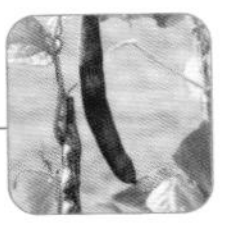

籽

红豆性平，味甘、酸。有健脾止泻、利水消肿的功效。

选购窍门

挑选红豆时，可以选择颗粒饱满、大小均匀，色泽自然红润的。红豆有没有生虫肉眼可以判断出来，如果生虫了，会有很多虫屎等小颗粒。挑选红豆看颗粒大小，均匀饱满的为上品，再看色泽，如果是不新鲜的红豆，则表面色泽很干涩或像褪了色。还可以把红豆倒入淡盐水里，完全浸没在水中的就是好的红豆，浮在水面的则不佳。

膳食选荐　　**红豆雪蛤膏**

材料

红豆50克，雪蛤10克，牛奶、冰糖、姜片各适量。

做法

❶ 红豆、雪蛤分别洗净，用清水浸泡一晚，雪蛤挑净黑线、杂质，洗净沥干。

❷ 将雪蛤、姜片一同煮 15 分钟，去异味，拣出姜片，取出洗净沥干。

❸ 红豆、雪蛤一同装入盅内，加适量的冰糖和清水，文火炖2小时，停火，加牛奶调匀即可。

养生功效

红豆雪蛤膏对年老体弱、久病虚羸者有良好的滋补作用。

〈储存妙方〉

• 将红豆中的杂物拣去并晒干，接着装入塑料袋中，再放入一些剪碎的干辣椒，密封起来。将密封好的塑料袋放置在干燥、通风处。此方法可以起到防潮、防霉、防虫的效果，能使红豆保持一年不坏。食用前，红豆一般用水清洗2~3遍即可。

英文名：millet | 别名：粟米、禾、粟、粱、谷子、粟谷 性味：性凉，味甘、咸 归经：入脾、胃经

小米

【健脾和胃，补益虚损】

小米具有健脾和胃、补益虚损、和中益肾、除热解毒的作用，含有对身体有益的功能因子，能壮阳、滋阴，缓解消化不良以及口角生疮，具有减轻皱纹、色斑、色素沉着的作用。可以帮助虚寒体质的产妇进行调养，恢复体力。

【主产地】

黄河流域、内蒙古以及东北地区。

粒

“粟有五彩”，有白、黄、红、橙、黑几种颜色的小米，也有黏性小米。

小米泔汁性凉，味甘、咸，可和中益肾、除渴解热。

选购窍门

优质小米米粒大小、颜色均匀，呈乳白色、黄色或金黄色，有光泽，很少有碎米，无虫，无杂质。取少量待测小米放于软白纸上，用嘴哈气使其润湿，然后用纸捻搓小米数次，观察纸上是否有轻微的黄色，如有黄色，说明待测小米中染有黄色素。优质小米闻起来具有清香味，无其他异味。严重变质的小米，手捻易成粉状，碎米多，闻起来有霉变味、酸臭味、腐败味或其他不正常的气味。

膳食选荐

小米南瓜粥

材料

小米100克，水10杯，南瓜0.5~1千克，冰糖或蜂蜜少许。

做法

小米洗净，南瓜去皮剔瓤，切成0.5寸的丁状或片状，两者同放入水内，煲约30分钟，稍闷片刻，加入冰糖或蜂蜜即可。

养生功效

单用小米熬成的粥偏稀，与南瓜一起熬煮可以中和南瓜久熬后的黏稠，熬出的粥色泽金黄，喝起来甘香清润，有解热降暑的功效。

储存妙方

1. 将小米放在阴凉、干燥、通风较好的地方。储藏前如水分过大，不能曝晒，可阴干。
2. 储藏前应去除糠杂。
3. 储藏后若发现小米吸湿脱糠、发热时，要及时出风过筛，除糠降温，以防霉变。
4. 小米易受到蛾类幼虫等危害，发现后可将容器上部生虫小米挑出单独处理。在容器内放1袋花椒即可防虫。

英文名：rice | 别名：稻米，主要分为籼米、粳米、糯米 性味：性平，味甘 归经：入脾、胃、肺经

大米

【补中益气，健脾养胃】

大米具有补中益气、健脾养胃、益精强志、和五脏、通血脉、聪耳明目、止烦、止渴、止泻的作用。经常喝大米粥有助于津液的生发，可在一定程度上缓解皮肤干燥等不适。具有较强的润白功效，并可补充肌肤所缺失的水分，使肌肤光滑细腻，充满弹性。

【主产地】

主产于广东、广西、福建、湖南等地，东北地区也有生产。

叶

稻叶性平，味甘，无毒，可养胃和脾、除湿止泻。

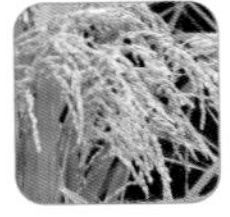

穗

稻穗性温，味甘，无毒，具有温中益气的作用。

选购窍门

大米硬度越强，蛋白质含量越高，透明度也越好。一般新米比陈米硬，水分低的米比水分高的米硬，晚籼（粳）米比早籼（粳）米硬。大米的腹白部分蛋白质含量较低，淀粉含量较高。一般水分过高以及不够成熟的稻谷，腹白较大。

膳食选荐 苦瓜大米粥

材料

苦瓜半根，大米100克，冰糖适量。

做法

❶大米洗净，用清水浸泡1小时；苦瓜洗净，切片。

❷锅中加入清水，大火烧开后下大米，边煮边适当翻搅。

❸待米煮开后加入苦瓜片，转小火慢慢熬至粥成，再加入适量的冰糖，待冰糖溶化后，倒入碗中即可。

养生功效

此粥可清火解毒，但不宜长久食用，孕妇忌服。

〈储存妙方〉

- 大米的陈化速度与贮存时间成正比，贮存时间愈长，陈化愈重。水分大，温度高，加工精度差，糠粉多，大米陈化速度就快。不同类型的大米中糯米陈化最快，粳米次之，籼米较慢。因此，为保持大米的新鲜品质与食用可口性，应注意减少贮存时间，保持阴凉干燥。大米的储藏要在15℃以下，相对湿度在75%，大米的水分保持在14.5%时为储藏最佳条件。

英文名：glutinous rice | 别名：江米、稻米、元米　性味：性温，味甘　归经：入脾、胃、肺经

糯米

【补中益气，舒筋活血】

糯米具有补中益气的功效，适用于消渴溲多、自汗、便泄。可暖脾胃、止虚寒泻痢、发痘疮，对脾胃虚寒、食欲不佳、腹胀腹泻有一定缓解作用。糯米制成的酒，可用于滋补健身，有壮气提神、美容益寿、舒筋活血之效。

【主产地】

主产于江苏、浙江等地。

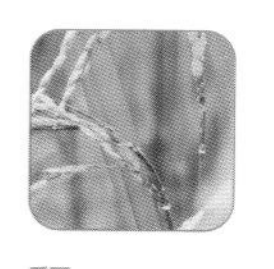

秆

糯米秆性热，味辛、甘，无毒，适用于黄疸患者。

叶

糯米叶性温，味苦，无毒，适用于多热、大便干结的人群。

选购窍门

糯米外表呈白色，不透明，哑光。如果糯米中有半透明的米粒，则是掺了大米。陈糯米的米粒上会“爆腰”，仔细观察米粒的中间部位，有“横纹”的，叫作“爆腰”，是陈米。故米粒小、颗粒均匀、颜色雪白、无爆腰者为佳。如果米粒发黄或是米粒上有黑点，则是米粒发霉了。

膳食选荐　红薯山药糯米粥

材料

红薯30克，山药20克，黄豆20克，糯米70克，白糖适量。

做法

❶糯米、黄豆分别洗净，浸泡4小时；红薯、山药分别去皮洗净，切小块。

❷锅中加水，大火烧开，下黄豆煮至滚沸后加入糯米、红薯块、山药块，再次煮沸后，转小火继续熬煮至粥黏稠，加入白糖调味即可。

储存妙方

1. 糯米的保存同大米近似，需要将糯米放在干燥、密封的容器内，这样可以更好地保存糯米。
2. 可以在盛有糯米的容器内放入几瓣大蒜，可防止糯米因久存而生虫。将大蒜去皮，跟糯米放进袋子里，即可起到灭菌、驱蛾、杀灭粉螨的作用。
3. 可以适当放入八角，但放入糯米之前最好用手掰开，驱虫效果更加明显。

英文名：peanut | 别名：落生、落花生、长生果、泥豆、番豆 性味：性平，味甘 归经：入脾、肺经

花生

【健脾和胃，利肾去水】

花生具有健脾和胃、利肾去水、理气通乳的功效。花生红衣的止血作用比花生强，对多种出血性疾病都有良好的止血功效。花生中含有维生素 E 和一定量的锌，能增强记忆力，具有预防脑功能衰退的作用。花生含有的维生素C有调节胆固醇的作用，适合动脉硬化、高血压和冠心病患者食用。

【主产地】

辽宁、山东、河北、河南、江苏、福建、广东、广西、贵州、四川等地。

花生壳性平，味淡、涩，敛肺止咳，可用于久咳气喘、咳痰带血。

花生衣性平，味甘、微苦，可止血、消肿，如改善术后出血等。

选购窍门

如果购买的是带壳花生，应选外壳纹路清晰而深、颗粒形状饱满者；如果购买的是不带壳的干花生，要挑选豆粒完整、表面光润、没有外伤或虫蛀者。花生霉变后含有大量致癌物质——黄曲霉素，所以霉变的花生千万不要食用。

膳食选荐 花生红枣蛋花粥

材料

花生20克，红枣10颗，鸡蛋1个，糯米100克，白糖适量。

做法

❶ 糯米洗净，泡发；花生、红枣用温水泡开，红枣去核；鸡蛋打入碗中，调匀。

❷ 锅中加水，大火烧开，倒入糯米、花生、红枣同煮至滚沸后转小火，慢熬至粥将熟时，调入鸡蛋液，加白糖调味，即可食用。

养生功效

花生、糯米和红枣都是补气活血的佳品，同熬为粥，补血效果更为显著。

〈储存妙方〉

• 先将购买回来的花生米晒4~5天，用清水淘净，再放入开水中浸烫15~20分钟后捞出，趁热与细盐和玉米面搅拌均匀，然后再晒2~3天，晒到一咬即断为宜，然后用塑料袋密封保存，可长时间不发霉、不变色、不走油。

英文名：sesame | 别名：胡麻　性味：性平，味甘　归经：入肝、肾、肺、脾经

芝麻

【补血明目，祛风润肠】

芝麻可补血明目、祛风润肠、生津通乳、益肝养发、强身健体。芝麻中含有丰富的维生素E，能防止过氧化脂质对皮肤的危害，中和细胞内有害物质游离基的积聚，可使皮肤白皙润泽，并能预防多种皮肤炎症。芝麻还具有养血的功效，可以缓解皮肤干枯、粗糙，令皮肤细腻光滑、红润光泽。

【主产地】

山东、河南、湖北、四川、安徽、江西、河北等地。

叶

芝麻叶性寒，味甘，具有滋养肝肾、润燥滑肠的功效，患有肝炎、肾虚、头眩、病后脱发、大便秘结者可适量食用。

花

花性寒，味甘，可缓解秃发、冻疮。

选购窍门

三招辨出“染色”芝麻：一看颜色，染过色的芝麻又黑又亮、一尘不染；没染色的则颜色深浅不一，还掺有个别的白芝麻。二闻味道，没染色的有股芝麻的香味，染过色的不仅不香，还可能有股墨臭味。三用餐巾纸蘸点水搓一搓，没染色的芝麻不会掉色，如果纸马上变黑了，大概率是染色芝麻。

膳食选荐　黑芝麻桑葚糊

材料

黑芝麻60克，桑葚60克，白糖10克，大米30克。

做法

❶ 黑芝麻、桑葚、大米分别洗净后，同放入罐中捣烂。

❷ 砂锅内放3碗清水，煮沸后加入白糖，待糖溶化、水再沸腾后，缓缓加入捣烂的食材，煮成糊状即可服食。此品香甜可口，唇齿留香。

养生功效

本品滋阴清热，特别适合高脂血症患者食用。

〈储存妙方〉

1. 生芝麻晒干以后，可以储存在塑料瓶中，一定要将盖子盖严。
2. 如果是炒好的芝麻，可以储存在密封袋或者密封罐里，保存一年没有问题。
3. 存储芝麻需要放在阴凉干燥的地方，不要放在潮湿的地方，因此不建议放在冰箱里储存。
4. 要保持通风干燥，万一不小心受潮，可以放到微波炉里转1分钟左右。

英文名：red jujube | 别名：大枣、干枣、枣子、良枣　性味：性温，味甘　归经：入脾、胃经

红枣

【补脾益气，养血安神】

红枣可以提高人体免疫力，适合骨质疏松患者以及产后贫血者食用。红枣中所含的芦丁，可以软化血管，尤其适合高血压人群食用。红枣还具有除腥臭怪味、宁心安神、补脾益气、益智健脑以及增强食欲的作用。

【主产地】

陕西、山西、新疆、宁夏、甘肃等地。

选购窍门

好的红枣皮色紫红，颗粒大而均匀，果形短壮圆整，皱纹少，痕迹浅，皮薄核小，肉质厚而细实。如果红枣皱纹多、痕迹深、果形凹瘪，则肉质差，为未成熟鲜枣制成的干品。如果红枣的蒂端有穿孔或粘有咖啡色、深褐色的粉末，则已被虫蛀，掰开可看到肉核之间有虫屎。

膳食选荐　生姜红枣粥

材料

大米100克，红枣30克，生姜10克，盐2克，葱花8克。

做法

1. 大米、红枣分别洗净。
2. 锅中加入适量清水，加入红枣、大米，同时煮粥。
3. 粥将熟时加入生姜、盐、葱花，稍煮即可。

养生功效

姜具有发汗解表、温肺止咳、解毒的功效。红枣含有丰富的蛋白质、脂肪、胡萝卜素、维生素，以及铁、钙、磷等营养物质，有补虚益气、养血安神、健脾养胃等功效。大米、红枣合熬为粥，可增强机体抵抗力。

储存妙方

• 贮藏的红枣，要干燥适度，没有破损，没有病虫，色泽红润，大小整齐。低温是减少枣果中维生素C损失的主要手段，干燥不利于微生物的生长繁殖。红枣在贮藏期间，除了湿度过高会引起发酵变质和生霉腐烂以外，米蛾、麦蛾等害虫也会危害红枣品质。

英文名：yam | 别名：怀山药、淮山药 性味：性平，味甘 归经：入脾、肺、肾经

山药

【益胃补肾，固肾益精】

山药有健脾补肺、益胃补肾、固肾益精、聪耳明目、助五脏、强筋骨、长志安神、延年益寿等功效。用于脾虚食少、久泻不止、肺虚喘咳、肾虚遗精、带下、尿频、虚热消渴。麸炒山药补脾健胃，用于脾虚食少、泄泻便溏、白带过多。铁棍山药具有补气润肺的功用，适合虚性咳嗽及肺痨发热患者食用。

【主产地】

河南、河北、山西、山东及中南、西南等地区。

根

山药根性平，味甘，无毒，具有润肤养发、消肿的功效。

茎

山药秆茎性凉，味辛，无毒，适合妊娠期妇女心情烦闷、胎动不安的症状。

选购窍门

表面有异常斑点的山药尽量不要买，因为这些山药可能已经感染病害。好的山药断面应带有黏液，外皮无损伤。山药怕冻、怕热，冬季买山药时，可用手将其握10分钟左右，如山药“出汗”则表示受过冻，掰开来看，冻过的山药横断面黏液会化成水，有硬心且肉色发红质量差。

膳食选荐　山药鸡蛋南瓜粥

材料

粳米90克，山药30克，鸡蛋黄1个，南瓜块20克，盐2克，味精1克。

做法

❶ 粳米洗净；山药去皮，洗净切块。

❷ 锅中倒入适量水，加入粳米、山药块、鸡蛋黄、南瓜块同煮。

❸ 粥将熟时加入盐、味精，煮沸即可。

养生功效

山药对脾胃虚弱、倦怠无力、食欲不振有一定的改善作用。

储存妙方

• 山药必要时可以就地贮存，延迟至次年3月中上旬采收。也可用土窖贮藏，窖中山药与沙土相间层积贮藏，最后覆土呈屋脊形，上盖稻草防止雨水侵入。窖内保持10~15℃，一直可贮存到次年4~5月。山药块茎休眠期较耐低温，在短期-4℃以下贮藏不表现冻害，适宜的贮藏温度为0~2℃，相对湿度宜控制在80%左右。

家庭制作方法与技巧

健康米糊的精细做法

在各种家庭打磨机还未普及之前，米糊的制作可谓一项精细活，不过传统做法也有传统做法的优势，在此就简略介绍一下。

1. 磨 制

（1）石磨磨制　将要打磨的食材浸泡好后，放入石磨中磨成浆，然后滤去水分，再晒干，收粉贮存即可。这种磨法一般只适用于米麦一类的谷物。

（2）打磨机磨制　将要打磨的食材洗净晒干后，直接送到打磨坊打成粉末，适当翻晾后贮存即可。这种打磨法除了谷类适用外，也可用于打磨淮山药、茯苓之类的中药材。

2. 加水调匀

在碗内盛入一定米粉后，加适量凉水或温水调拌均匀。

3. 入锅煮

（1）煮　传统米糊制作的最后一步是“煮”，将调拌好的米粉倒入锅中边煮边搅拌，直至成糊为止。

（2）隔水炖　传统米糊除了“煮”之外，也可采取隔水炖的方式。这种做法虽然更为费时，但营养成分保留更多，也更不容易导致上火。

时尚达人——巧用豆浆机做米糊

豆浆机除了做豆浆外，也能做米糊。以下就是使用豆浆机做米糊的“懒人”步骤：

1. 清洗、浸泡

将需要打磨的食材去除杂质后，用清水淘洗 2~3 遍。需注意的是，谷类及豆类在打磨前需要充分浸泡，使其更易打碎、熬煮，营养更易释放，从而利于人体吸收，食材充分浸泡后做出的米糊口感也更为细腻。浸泡时间视具体食材和气候的不同而定，越坚硬的食材需要浸泡的时间越长，夏季食材浸泡的时间稍短，冬季则稍长。

2. 加水、按键

食材倒入豆浆机后，加入适量的水。一般情况下，100 克大米加 1200 毫升水比较合适，但如果食材中有含水分多的水果、蔬菜，则应适当减少水量。水加好后，将豆浆机盖好，找到“米糊”键，按下即可。

3. 倒出、调味

待豆浆机提示米糊做好后，即可将米糊盛出，可按照个人口味调制不同风味的米糊。

制作豆浆三步走

市面上虽然随处可见“现磨豆浆”的招牌，但出品始终赶不上自家打磨的豆浆香浓可口。下面我们就来看看如何利用豆浆机，三步搞定营养又美味的豆浆吧！

1. 精选豆子

在做豆浆前，首先要挑选出坏豆，如虫蛀过的豆子，以保证豆浆的品质。

2. 浸泡豆子

将挑选好的谷物清洗后，还必须进行浸泡。一般来说，豆子的浸泡时间在 6~12 小时，米类的浸泡时间则 2~4 小时为宜。温度是影响浸泡效果的重要因素，夏季浸泡时间可缩短，冬季则应适当延长。

3. 打磨豆子

将泡发好的豆子放入豆浆机中，加入适量的水，按下“豆浆”键，待豆浆机提示做好后，倒出过滤并加入适量的白糖，即可饮用。

豆浆保存小妙招

现榨的豆浆鲜美可口，营养丰富，但一次做太多，又喝不完，那么如何保存喝不完的豆浆，才能做到既卫生又保证其营养不流失呢？

1. 准备容器

准备几个耐热、密封性好的容器，比如太空瓶、保温瓶或特别严实的罐头瓶。

2. 沸水杀菌

将洗净的容器用沸水烫一下或稍煮一下。

3. 装盛豆浆

趁着容器刚烫过，将煮好的豆浆倒入，注意留出1/5的空间。盖上盖子，但不要拧紧。

4. 拧紧瓶盖

稍等十几秒，待豆浆放出一点热气后，再将瓶盖拧到最紧，然后放室内自然冷却。

5. 冰箱保鲜

待豆浆冷却后，将其放入冰箱保鲜层中，可以储存3~4天。想喝时取出再加热即可。

豆浆饮用宜忌

宜	宜调节血脂	豆浆中含有丰富的维生素E和不饱和脂肪酸，饱和脂肪酸含量极低，适合糖尿病、高脂血症等患者食用
	宜补锌	豆浆是补钙佳品，常喝会影响锌在人体内的比例，因此常喝豆浆的人需要适当补充锌元素，且需注意豆浆与锌的补充剂要间隔半小时服用
	宜与牛奶搭配饮用	豆浆与牛奶二者搭配饮用，可均衡营养，但需注意二者不宜同煮
忌	忌喝未煮熟的豆浆	煮开的豆浆需继续煮3~5分钟才算真正煮熟，若喝了未熟的豆浆，易出现恶心、呕吐、腹泻等症状
	忌用红糖调味	红糖不宜与豆浆同食，易产生“变性沉淀物”，会破坏营养成分
	忌与生鸡蛋同食	生鸡蛋的蛋清中所含的黏液性蛋白会与豆浆中所含的胰蛋白酶结合，生成复合蛋白，不利于消化
	忌空腹饮用	空腹喝豆浆，豆浆中的蛋白质易直接转化为热量被消耗掉，难以起到补益的作用
	忌与牛奶同煮	豆浆中的胰蛋白酶抑制因子对胃肠具有刺激作用，只有在100℃的环境中经过数分钟的熬煮后才能被破坏，而如果牛奶在这样的温度下持续煮沸，其含有的蛋白质和维生素就会遭到破坏
	忌与抗生素类药物同食	豆浆与抗生素类药物一起服用，会产生不良反应

煮杂粮粥的步骤

在不少人眼里，煮粥不过是把米淘好后，再多加点水慢慢煮软的简单小事。但如果要真正熬出一锅好粥，使米稠而不糊、糯而不烂，还是需要一定的步骤与技巧。

下面介绍煮粥的正确步骤。

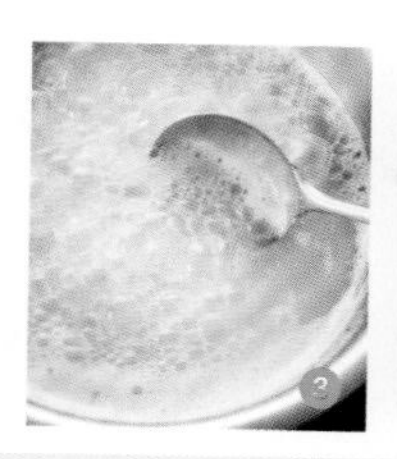

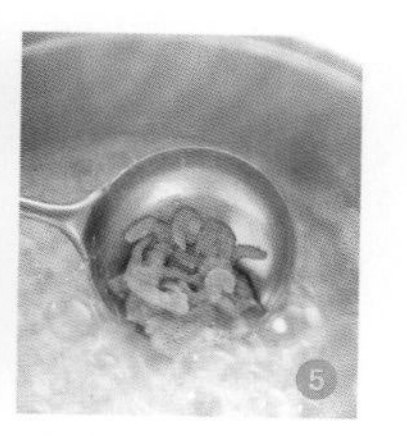

1. 浸　泡

将米浸泡后再下锅，但不同食材需要浸泡的时间各不相同，应根据实际情况灵活调整。

2. 滚水下锅

冷水煮粥容易糊锅，正确的做法是用沸水煮粥，不仅不会出现糊锅的现象，而且还可让自来水中的氯得以挥发。

3. 搅　拌

将食材沸水下锅后，应即时翻搅几下。待到粥煮开后转小火熬煮时，要注意朝同一个方向不停搅动。

4. 火　候

待大火将米煮开后，转至小火继续慢慢熬煮至粥黏稠为宜。

5. 底料分煮

粥和辅料先分别煮到八九成熟，再放一起同熬片刻，一般以 5~10 分钟为宜。这样煮出来的粥既熬出了每样食材的味道，又不至于串味。

健康食粥宜忌

宜	食粥宜早晨	早晨正是人体需要补充水分和养分的时候，但因为早晨脾较困顿、呆滞，胃津分泌也不多，所以不宜进食太难消化的食物。此时若食用适当粥食，不仅不会给脾胃带来太多负担，反而能及时补充各种营养，为新的一天注入活力
	海鲜粥宜加胡椒粉	鱼肉粥、虾仁粥等海鲜粥虽然鲜美，但难免带有一定的腥味，若加入适量的胡椒粉来调味，不仅可以除腥，还可起到防寒抑菌的作用
忌	杂粮粥不宜多食	过量食用杂粮粥会导致腹胀、腹痛等消化不良症状
	忌食用过烫的粥	过烫的粥易导致食管黏膜损伤、坏死，严重者会诱发食管癌等
	忌把剩菜剩饭泡在粥里吃	剩菜剩饭本就营养价值不高，若将其泡在粥里食用，菜粥混杂，不仅不能养胃，时间长了还容易造成脾胃损伤
	生鱼粥不宜常食	生鱼粥里的鱼片加热时间不长，不少细菌或寄生虫很可能还未被消灭，故不宜经常食用
	老年人不宜把粥作主食	虽然老年人宜适当增加粥食，但不可将粥作为一日三餐的主食，因为粥所含的热量毕竟没有米饭高，长期以粥代饭很可能导致身体热量供给不足
	孕妇不宜食用薏米粥	薏米中的薏仁油具有收缩子宫的作用，所以怀孕期间的女性应避免食用

第二章

米糊豆浆杂粮粥增强体质

科学研究表明，有氧运动加营养膳食是提高自身体质的有效方法，营养不均和缺乏锻炼都会造成抵抗力的下降。现代人生活节奏快、饮食不规律、应酬多，因此增强自身体质就要在饮食上多费一些心思，要保持合理的膳食，每天的饮食要多样化，多吃蔬菜、水果，补充每日所需营养。

缓解疲劳

疲劳又称疲乏，是主观上一种疲乏无力的表现，凡是疾病发展到一定阶段都可出现疲乏，有时可作为就诊的首发症状。

☺食材、药材推荐

饮食护理

☑ 低糖 ☑ 维生素 C ☑ B 族维生素 ☑ 蛋白质 ☒ 吸烟 ☒ 高脂 ☒ 浓巧克力 ☒ 咖啡

症因解读

疲劳多由饥饱失常、酒食过度、喜怒不节、工作压力大、忧愁思虑过多、工作繁重杂乱、应酬频繁、形体劳役、噪声或紧张、久劳久病、身心疲惫所致。

症状表现

常见疲劳症状有疲倦乏力、肢软少动、运动减少，或有低热口干、五心烦热，更甚则心悸、多梦、肢体酸懒、耳鸣、精神昏愦、记忆力减退，或有腰膝酸软、足跟酸痛等。

护理指南

1. 适度吃牛肉，可给身体提供能量，有益心脑健康，强壮骨骼，提高免疫力。

2. 拥有健康的饮食习惯，平时多吃水果蔬菜，提高自身免疫力。

3. 少抽烟。抽烟会减少身体的用氧量及降低维生素 C 水平，会削弱人体免疫力。

4. 慎服药物。抗组胺和稳定高血压及心脏病的药物均会引起瞌睡。

食材、药材图典 • 薏米

【别名】六谷米、药玉米、薏苡仁、菩提珠。

【性味】性微寒，味甘，无毒。

【归经】入脾、胃、肺、大肠经。

【功效】清热利湿，除风湿，利小便，益肺排脓，健脾胃，强筋骨。

【禁忌】孕妇及津枯便秘者忌用。滑精、小便多者不宜食用。

【挑选】有光泽，呈白色或黄白色，色泽均匀，且无任何怪味、异味者为佳。

增强体力+补肾强心

黄豆薏米糊

材料

黄豆50克，薏米20克，腰果15克，莲子15克，白糖适量。

做法

❶ 黄豆洗净，用清水浸泡6～8小时；薏米洗净，用清水浸泡4小时；腰果、莲子用温水泡开，莲子去衣、去芯。

❷ 将以上食材全部倒入豆浆机中，加水至上、下水位线之间，按下“米糊”键。

❸ 豆浆机提示米糊煮好后，倒入碗中，加入适量的白糖，即可食用。

养生功效

此款薏米糊中特地加入了腰果和莲子，腰果具有补脑养血、补肾、健脾、下逆气、止久渴的功效，莲子具有补中养神、健脾补胃的功效。

润燥止渴+消除疲劳

果香黄豆米糊

材料

大米50克，黄豆30克，橙子1个，苹果1个，白糖适量。

做法

❶ 大米洗净，用清水浸泡2小时；黄豆洗净，用清水浸泡6～8小时；橙子去皮，掰瓣；苹果洗净，去皮去核，切成小块。

❷ 将以上食材全部倒入豆浆机中，加水至上、下水位线之间，按下“米糊”键。

❸ 豆浆机提示米糊煮好后，倒入碗中，再加入适量的白糖，即可食用。

养生功效

黄豆性平，味甘，具有健脾宽中、润燥消水、清热解毒、益气的功效；橙子性凉，味甘、酸，具有生津止渴、和胃健脾的功效。

止咳平喘+缓解疲劳

腰果花生豆浆

材料

腰果20克，花生20克，杏仁10克，黄豆60克，白糖适量。

做法

❶ 黄豆洗净，用清水浸泡 6 ~ 8 小时；腰果、花生、杏仁分别用温水泡开。

❷ 将以上食材全部倒入豆浆机中，加水至上、下水位线之间，按下“豆浆”键。

❸ 待豆浆机提示豆浆做好后，倒出过滤，再加入适量的白糖，即可饮用。

养生功效

杏仁性微温，味苦，具有止咳平喘的功效。此款豆浆添加了花生、腰果、杏仁，具有补充蛋白质和维生素 E 的功效。

补肾益阴+活血补血

黑豆桂圆粥

材料

黑豆50克，桂圆20克，大米100克，白糖适量。

做法

❶ 大米、黑豆分别洗净，大米用水浸泡 1 小时；黑豆用水浸泡 4 小时；桂圆用温水泡开。

❷ 在锅内加入适量的凉水，大火烧开后将全部食材一同倒入锅中，边煮边翻搅。

❸ 煮开后，转小火熬煮，煮至米粒成粥时，加入白糖，搅拌均匀后，即可食用。

养生功效

黑豆具有补肾益阴、健脾利湿的作用。

宁心安神+缓解疲劳

牛奶大米粥

材料

牛奶200毫升，大米100克，白糖适量。

做法

❶ 大米洗净，用清水浸泡 1 小时。

❷ 在锅内注入适量的凉水，大火烧开后将浸泡好的大米倒入锅中，边煮边翻搅。

❸ 煮开后，加入牛奶转小火继续慢慢熬煮，煮至米粒糊化成粥状时，加入适量的白糖，搅拌均匀即可食用。

养生功效

此款大米粥奶香浓郁，具有宁心安神、安抚情绪、稳定睡眠的功效，同时还可以起到缓解疲劳的作用。

减轻辐射

辐射指的是能量以电磁波或粒子的形式向外扩散。自然界中只要温度在绝对零度以上的物体，都以电磁波和粒子的形式向外传送热量，辐射即为这种传送能量的方式。

☺食材、药材推荐

饮食护理

☑ 高蛋白 ☑ 维生素 C ☑ 维生素 A ☑ 茶多酚 ☑ 维生素 K ☒ 碳酸饮料 ☒ 油炸食物 ☒ 熏烤食物

症因解读

如不慎吸入放射性气体或粉尘，人体甲状腺会吸收被误吸进去的放射性碘，从而使放射源留在体内，形成内辐射。外辐射主要指各种紫外线辐射以及各种电器、电子产品产生的电磁辐射。

症状表现

辐射常见症状是疲劳、头昏、失眠、皮肤发红、溃疡、出血、脱发、白血病、呕吐、腹泻等。

护理指南

1. 对于生活紧张而忙碌的人群来说，可通过每天上午喝 2~3 杯的菊杞茶，抵御电脑辐射。

2. 在家中或办公室中摆放一些多肉植物，可有效减少各种电器产生的电磁辐射。比如摆放仙人掌、观音莲、龙王角、佛珠等多肉植物。

3. 适当多吃胡萝卜、豆芽、西红柿、瘦肉、动物肝脏等富含维生素 A、维生素 C 和蛋白质的食物，常喝绿茶等。

食材、药材图典 • 海带

【别名】昆布、江白菜。

【性味】性寒，味咸，无毒。

【归经】入肝、胃、肾经。

【功效】消痰软坚、泄热利水、止咳平喘、祛脂瘦身、散结防癌。

【禁忌】脾胃虚寒者、甲亢中碘过盛型患者要忌食。

办公室电脑辐射解决方案

尽可能购买新款的电脑。尽量不要使用旧电脑，旧电脑的辐射相对较厉害。

防辐射+抗暑消炎

海带豆香米糊

材料

大米50克，海带15克，黄豆20克，葱花、盐各适量。

做法

❶ 黄豆洗净，用水浸泡 6 ~ 8 小时；大米洗净，用水浸泡 2 小时；海带洗净，切成小段。

❷ 将以上食材全部倒入豆浆机中，加水至上、下水位线之间，按下“米糊”键。

❸ 豆浆机提示米糊煮好后，倒入碗中，加入适量的盐、葱花即可。

养生功效

此款米糊适合高血压、咽炎患者以及暑热难耐的人群食用。

防辐射+止咳平喘

芝麻海带米糊

材料

大米50克，海带20克，黑芝麻20克，盐适量。

做法

❶ 大米洗净，用水浸泡 2 小时；海带洗净，切成小段；黑芝麻用清水洗净，晾干。

❷ 将以上食材全部倒入豆浆机中，加水至上、下水位线之间，按下“米糊”键。

❸ 豆浆机提示米糊煮好后，倒入碗中，加入适量的盐，即可食用。

养生功效

黑芝麻中的硒元素有助于防辐射，而海带具有消痰软坚、泄热利水、止咳平喘、祛脂瘦身、散结防癌的功效，此款米糊可起到促进放射性物质排出的作用。

防辐射+缓解不适

绿豆海带豆浆

材料

绿豆30～50克，海带15克，黄豆50克，盐适量。

做法

❶ 黄豆、绿豆分别洗净，用清水浸泡 6 ~ 8 小时；海带洗净，切碎。

❷ 将以上食材全部倒入豆浆机中，加水至上、下水位线之间，按下“豆浆”键。

❸ 待豆浆机提示豆浆做好后，倒出过滤，加入适量的盐，即可饮用。

养生功效

此款豆浆不仅可以提高机体对辐射的耐受性，还可以缓解因外界辐射带来的各种不适感。

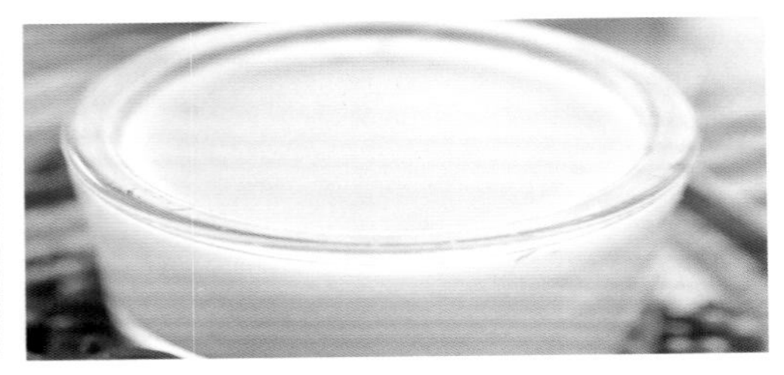

防辐射+益智安神

香菇芦笋粥

材料

香菇5朵，芦笋50克，大米100克，葱花、盐各适量。

做法

❶ 大米淘洗干净，用清水浸泡1小时；香菇用温水泡发，去蒂，洗净，切片；芦笋洗净，切成长片。

❷ 注水入锅，大火烧开后下米，边煮边翻搅，待米煮开后，转小火继续熬煮半小时，下香菇片、芦笋片，待全部食材烂熟，加盐、葱花调味，即可食用。

养生功效

此款粥具有防辐射的作用，香菇具有补肝肾、健脾胃、益气血、益智安神、美容养颜之功效，有助于细胞正常化，适合常接触辐射源者食用。

清热解毒，延缓衰老

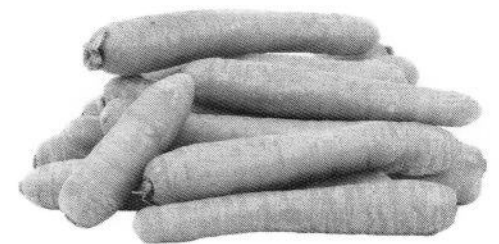

养肝明目，健胃消食

抵御辐射+缓解眼疲劳

田园蔬菜粥

材料

大米100克，胡萝卜30克，香菇5朵，西蓝花30克，香菜2根，盐适量。

做法

❶ 大米洗净，用清水浸泡1小时；胡萝卜洗净，切丁；香菇用温水泡发，去蒂，洗净，切片；西蓝花洗净，掰成小朵；香菜洗净，切末。

❷ 注水入锅，大火烧开后下大米搅拌翻煮，待米煮开，转小火继续煮半小时。

❸ 下胡萝卜丁、香菇片、西蓝花块同煮至熟烂，加入适量的盐，撒上香菜末，即可食用。

养生功效

此款田园蔬菜粥中的胡萝卜、西蓝花、香菇具有预防电脑辐射的作用，同时对缓解用眼疲劳也有一定的帮助。

增强免疫力

免疫力是人体自身的防御机制，是人体识别和消灭外来侵入的异物，处理衰老、死亡、变性的自身细胞以及识别和处理体内突变细胞和病毒感染细胞的能力。

☺食材、药材推荐

大米

黑木耳

薏米

小麦

燕麦

核桃

红枣

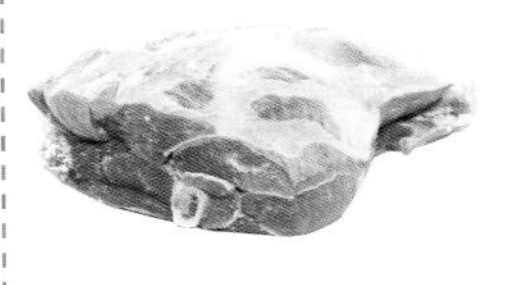

羊肉

饮食护理

☑ 优质蛋白　☑ 绿叶蔬菜　☑ 维生素 E　☑ 胡萝卜素　☒ 烟酒　☒ 油腻食物　☒ 甜食

症因解读

心理紧张、睡眠不足或过度劳累、性格消极悲观、饮食失衡、运动不足、感染细菌、身体老化等都会造成免疫力下降。

症状表现

各种原因使免疫系统不能正常发挥保护作用，在此情况下，极易招致细菌、病毒、真菌等感染，因此免疫力低下最直接的表现就是容易生病、感觉麻木、困乏、疲倦。

护理指南

1. 营养均衡。维生素 A 能促进糖蛋白的合成。维生素 C 缺乏时，白细胞内维生素 C 含量减少，白细胞的战斗力减弱，人体易患病，因此要多补充维生素 C。锌、硒等多种元素都与人体非特异性免疫功能有关。

2. 戒烟限酒。吸烟时人体血管容易发生痉挛，局部器官血液供应减少，营养素和氧气供给减少，抗病能力也就随之下降。适量饮酒有益健康，嗜酒、醉酒、酗酒会减弱人体免疫功能。

食材、药材图典 • 核桃

【别名】羌桃。

【性味】性温，味甘，无毒。

【归经】入肾、肺、大肠经。

【功效】滋补肝肾，强筋健骨。

【挑选】个大圆整、壳薄白净，干燥，桃仁片张大、色泽白净、含油量高者为佳。

健康小贴士

增强自身免疫力

1. 加强运动可以提高人体对疾病的抵抗能力。

2. 培养兴趣爱好。

3. 工作上劳逸结合，合理对待压力。

补益五脏+增强体质

大米糙米糊

材料

大米40克，糙米40克，黑芝麻10克，红枣5颗，白糖适量。

做法

❶ 大米、糙米分别洗净，用清水浸泡2小时；黑芝麻清水洗净，晾干；红枣用温水泡开，洗净，去核。

❷ 将食材全部倒入豆浆机中，加水至上、下水位线之间，按“米糊”键。

❸ 待豆浆机提示米糊煮好后，倒入碗中，加入适量的白糖，即可食用。

养生功效

此款米糊在加入糙米的基础上，又添加了黑芝麻、红枣，可以起到补益五脏、增强体质的作用。

补益脾胃，养血补气

益气强生，活血止血

补血养血+改善贫血

黑木耳薏米糊

材料

薏米50克，黑木耳10克，红豆20克，红枣3颗，白糖适量。

做法

❶ 红豆洗净，用清水浸泡6～8小时；薏米洗净，用清水浸泡2小时；黑木耳用温水泡发、洗净，去蒂；红枣用温水泡开，去核。

❷ 将以上食材全部倒入豆浆机中，加水至上、下水位线之间，按下“米糊”键。

❸ 待豆浆机提示米糊煮好后，倒入碗中，加入适量的白糖，即可食用。

养生功效

黑木耳益气强身、活血止血，薏米利水美白，红豆、红枣均养血，故此款米糊具有养血补血的作用。

润燥滑肠+滋补肝肾

燕麦芝麻糯米豆浆

材料

生燕麦片30克，黑芝麻20克，黄豆50克，白糖适量。

做法

❶ 黄豆洗净，用清水浸泡6～8小时；黑芝麻、生燕麦片分别洗净，晾干备用。

❷ 将以上食材全部倒入豆浆机中，加水至上、下水位线之间，按下“豆浆”键。

❸ 待豆浆机提示豆浆做好后，倒出过滤，再加入适量的白糖，即可饮用。

养生功效

芝麻性平，味甘，有滋补肝肾、润燥滑肠之功效。此款豆浆可以双向调节肠道，增加胃肠的吸收能力。

增强体质+抵抗衰老

小麦核桃红枣豆浆

材料

小麦仁20克，核桃10克，红枣5颗，黄豆50克，白糖适量。

做法

❶ 黄豆、小麦仁洗净，用清水浸泡6～8小时；核桃、红枣用温水泡开，红枣去核。

❷ 将以上食材全部倒入豆浆机中，加水至上、下水位线之间，按下“豆浆”键。

❸ 待豆浆机提示豆浆做好后，倒出过滤，再加入适量的白糖，即可饮用。

养生功效

此款豆浆有助于增强体质、抵抗衰老。

补虚壮阳+散寒强身

生姜羊肉粥

材料

大米100克，羊肉50克，生姜末、葱花、盐、料酒各适量。

做法

❶ 大米洗净，用清水浸泡1小时；羊肉煮熟后，切成小丁。

❷ 注清水入锅，用大火烧开，倒入大米，边煮边翻搅。

❸ 另起炒锅置火上，入油烧热，入葱花、生姜末爆香，下羊肉丁，加料酒翻炒入味后，倒入大米粥中煮至粥成即可。

养生功效

此款羊肉粥具有补虚壮阳的功效。

补益脾胃

中医藏象学说认为：脾胃五行属土，属于中焦，共同承担着化生气血的重任，所以说脾胃同为“气血生化之源”，认为人体的气血是由脾胃将食物转化而来的。

☺食材、药材推荐

饮食护理

☑ 优质蛋白　☑ 膳食纤维　☑ 维生素　☑ 软烂易消化食物　☒ 辛辣食物　☒ 油腻食物

症因解读

多因饮食失调、过食生冷、劳倦过度、久病或忧思伤脾等所致。

症状表现

常表现为气短乏力、头晕、大便溏泻，容易出血，血色淡，甚至面色苍白。稍进食油腻食物或饮食稍多，大便次数就明显增多，伴有未消化食物，大便时泻时溏，迁延反复，饮食减少，食后脘闷不舒，面色萎黄，神疲倦怠，舌淡苔白，脉细弱等。

护理指南

1. 饮食调摄是保养脾胃的关键。因此，饮食应有规律，三餐定时定量、不暴饮暴食。以素食为主，荤素搭配。常吃蔬菜和水果，以满足机体需求和保持大便通畅。

2. 情感因素对食欲、消化、吸收都有很大影响。因此，保养脾胃，首先要保持良好的情绪。

3. 注意冷暖。有虚寒胃痛的患者要注意保暖，少吃生冷瓜果，适量服用生姜茶。

食材、药材图典 • 红薯

【别名】番薯、甘薯、番芋、地瓜、红苕、白薯、金薯、甜薯、枕薯。

【性味】性平，味甘。

【归经】入脾、肾经。

【功效】补中生津，健脾益胃，止血排脓。

【禁忌】红薯含糖量高，吃多了可产生大量胃酸，使人感到“烧心”。

【挑选】长条形、红皮者为佳。外皮有黑斑者，做熟后容易产生怪味。

缓解胃寒性腹泻

糯米糊

材料

糯米70克，大米30克，白糖适量。

做法

❶ 大米洗净，用清水浸泡 2 小时；糯米洗净，用清水浸泡 4 小时。

❷ 将以上食材全部倒入豆浆机中，加水至上、下水位线之间，按下“米糊”键。

❸ 待豆浆机提示米糊煮好后，倒入碗中，加入适量的白糖，即可食用。

养生功效

此款米糊清淡软糯，口感香甜，可以起到辅助缓解寒性腹泻的作用，尤其适宜胃虚、胃寒者食用。

补益脾胃+养胃强身

扁豆小米糊

材料

小米70克，大米20克，扁豆15克，盐适量。

做法

❶ 小米、大米分别洗净，用清水浸泡 2 小时；扁豆洗净，去筋，切成小片。

❷ 将以上食材全部倒入豆浆机中，加水至上、下水位线之间，按下“米糊”键。

❸ 待豆浆机提示米糊煮好后，倒入碗中，加入适量的盐，即可食用。

养生功效

扁豆可起到缓解脾胃虚弱的作用，小米、大米具有补益脾胃的功效，三者同打为糊可起到很好的养胃作用。

暖胃止泻+补益脾胃

糯米黄米豆浆

材料

糯米30克，黄米20克，黄豆50克，白糖适量。

做法

❶ 黄豆洗净，用清水浸泡 6 ~ 8 小时；糯米、黄米洗净，用清水浸泡4小时。

❷ 将以上食材全部倒入豆浆机中，加水至上、下水位线之间，按下“豆浆”键。

❸ 待豆浆机提示豆浆做好后，倒出过滤，再加入适量的白糖，即可饮用。

养生功效

此款豆浆具有暖胃功效，同时还有一定的止泻作用，因此患有便秘者不宜饮用。

滋补脾胃+促进肠道

红薯山药糯米粥

材料

红薯30克，山药20克，黄豆20克，糯米70克，白糖适量。

做法

❶ 糯米、黄豆分别洗净，用清水浸泡4小时；红薯、山药分别去皮，洗净，切成小块。

❷ 注水入锅，大火烧开，下黄豆煮至滚沸后加入糯米、红薯块、山药块同煮，边煮边搅拌。

❸ 待米再次煮开后，转小火继续慢熬至粥软黏稠，加入适量的白糖调味，即可食用。

养生功效

此款糯米粥具有滋补脾胃、增强胃动力及促进肠道运动的作用，尤其适宜脾胃虚弱者食用。

利水消肿+清热解毒

小米红豆粥

材料

小米50克，红豆50克，大米100克，白糖适量。

做法

❶ 大米、小米、红豆分别洗净，大米、小米用清水浸泡1小时，红豆用清水浸泡4小时。

❷ 注水入锅，大火烧开后将上述全部食材一起倒入锅中，边煮边翻搅。

❸ 煮开后，转小火慢慢熬煮至米烂粥成，再加入适量的白糖，搅拌均匀后，倒入碗中，即可食用。

养生功效

小米红豆粥具有利水消肿、清热解毒、健胃消食的功效，适宜胃热者食用。

健脾益胃，利尿消肿

宁心安神

心在五脏六腑之中占有重要地位。心主血脉，是推动血液循环的基本动力，为人体生命活动的中心；主神明，为十二宫之主宰，也是情志思维活动的中枢。

☺食材、药材推荐

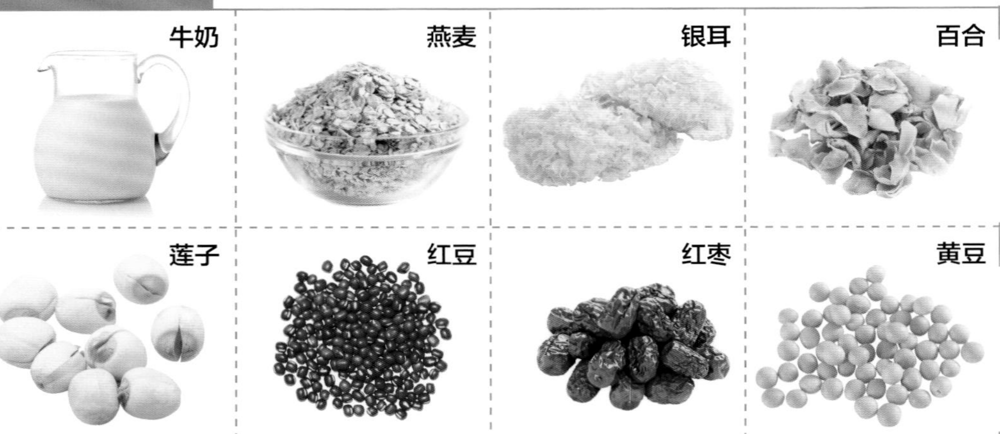

饮食护理

☑ 豆类　☑ 谷类　☑ 红色食物　☑ 膳食纤维　☒ 浓茶　☒ 浓咖啡　☒ 高脂　☒ 高盐

症因解读

心神不宁主要与心、肝有密切关系。由于压力过大导致神经功能紊乱，如果后期治疗不当会导致抑郁症等一系列精神疾病的发生。

症状表现

心神不宁的症状多表现为心悸怔忡、失眠多梦、烦躁易怒、惊狂、阳气躁动、易惊健忘、精神恍惚、遗精，甚至口舌生疮、大便燥结、舌红少苔、脉细数等。

护理指南

1. 心神不宁者夏季宜多吃西瓜，以除烦止渴、清热解暑，也可缓解热盛伤津、暑热烦渴、小便不利、喉痹、口疮等症。

2. 每日午饭、晚饭后食用两个桃，可缓解情绪、生津、润肠、活血、消积，尤其适宜烦渴、血瘀、大便不畅、小便不利的人群食用。

3. 苦瓜具有除热邪、解劳乏、清心明目之功效，工作劳累的人可以多吃一些。

食材、药材图典 • 燕麦

【别名】野小麦、杜姥草、牛星草、牡姓草。

【性味】性平，味甘。

【归经】入肾、脾、心经。

【功效】健脾、益气、补虚、止汗、养胃、润肠。

【禁忌】一次食用太多，会造成胃痉挛、胀气。

健康小贴士

宁心安神穴位治疗法

将珍珠粉、朱砂粉、大黄粉、五味子粉适量混匀，每次取3克，用鲜竹沥调成糊状，睡前贴于左右涌泉穴，9天为一个疗程，每个疗程中间间隔3天。

清热解毒+美容润肤

银耳莲子米糊

材料

大米50克，银耳15克，莲子10克，百合10克，红枣3颗，白糖适量。

做法

❶ 大米用清水浸泡2小时；其余食材用温水泡发；银耳去蒂，莲子去衣、去芯，红枣去核。

❷ 将以上食材倒入豆浆机中，加好水后，按下“米糊”键，米糊煮好后加入白糖调匀即可。

养生功效

此款米糊有清热解毒的功效，经常食用还能起到美容润肤的作用。

安神助眠+通便排毒

牛奶燕麦粥

材料

牛奶200毫升，燕麦100克或生燕麦片100克，白糖适量。

做法

❶ 燕麦洗净，用清水浸泡1小时。或生燕麦片洗净，用清水浸泡半小时。

❷ 注水入锅，大火烧开后，将浸泡好的燕麦或生燕麦片，倒入锅中，边煮边搅拌。

❸ 煮开后，加牛奶转小火继续慢熬至粥成，再加入适量的白糖，搅拌均匀，倒入碗中，即可食用。

养生功效

牛奶安抚情绪，燕麦通便排毒，二者煮粥食用可起到安神助眠的作用。

清心安神+养阴润肺

红豆百合豆浆

材料

红豆30克，百合20克，黄豆50克，白糖适量。

做法

❶ 黄豆、红豆分别洗净，用清水浸泡6～8小时；百合用温水泡开。

❷ 将以上食材全部倒入豆浆机中，加水至上、下水位线之间，按下“豆浆”键。

❸ 待豆浆机提示豆浆做好后，倒出过滤，再加入适量的白糖，即可饮用。

养生功效

红豆具有护心功效；百合可安养心神、养阴润肺。二者搭配饮用，可起到清心安神的作用。

和胃益肾+补血补虚

小米红枣豆浆

材料

小米50克，红枣10颗，黄豆50克，白糖适量。

做法

❶ 黄豆、小米分别洗净，黄豆用水浸泡6～8小时，小米用水浸泡4小时；红枣用温水泡开。

❷ 将以上食材全部倒入豆浆机中，加水至上、下水位线之间，按下“豆浆”键。

❸ 待豆浆机提示豆浆煮好后，倒出过滤，再加入适量的白糖，即可饮用。

补益虚损，和中益肾

养生功效

小米具有和胃益肾的功效，红枣、牛奶具有补血补虚、安神宁心的功效。

养血活血+宁心安神

红枣燕麦糙米糊

材料

糙米50克，生燕麦片30克，红枣5颗，莲子10克，枸杞子5克，白糖适量。

做法

❶ 糙米洗净，用清水浸泡4小时；生燕麦片洗净，控干；红枣、莲子、枸杞子用温水泡开；红枣去核，莲子去衣、去芯。

❷ 将以上食材全部倒入豆浆机中，加水至上、下水位线之间，按下“米糊”键。

❸ 待豆浆机提示米糊煮好后，倒入碗中，加入适量的白糖，即可食用。

养生功效

此款米糊添加了莲子、枸杞子，不仅能够滋补身体，还具有养血活血、安神宁心的功效。

养肝滋肾，润肺补虚

祛除湿热

所谓湿，即通常所说的水湿，它有外湿和内湿的区分。外湿是由于气候潮湿、涉水淋雨或居室潮湿，使外来水湿入侵人体而引起的；内湿是一种病理产物，常与消化功能有关。

☺食材、药材推荐

饮食护理

☑ 性味甘甜食品 ☑ 低盐 ☑ 低油 ☑ 少辣 ☒ 性味偏酸食品 ☒ 榴梿 ☒ 寒性食物

症因解读

造成湿热的原因多见于居住环境湿热或阴湿，与不通风或地势低下有关。也有因饮食无忌，喜食生冷食物，食物损伤体内阳气，导致脾肾阳虚、运化不足，湿气积聚，久而化热。

症状表现

肢体沉重，发热多在午后明显，症状并不因出汗而减轻，舌苔黄腻、脘闷腹满、恶心厌食，尿短赤、膀胱湿热、尿频尿急、涩少而痛，色黄浊等。

护理指南

1. 因热往往依附湿而存在，所以应注意起居环境的改善和饮食调理，不宜暴饮暴食、酗酒，少吃油腻食品、甜食，以保持良好的消化功能，避免水湿内停或湿从外入。

2. 少吃甜食、甘甜饮料、辛辣刺激的食物，少喝酒，酒的湿热之性较为明显。

3. 少吃肥甘厚味的食物，多食清淡祛湿的食物，如绿豆、冬瓜、丝瓜、赤小豆、西瓜、绿茶等。

食材、药材图典 • 冬瓜

【别名】东瓜、枕瓜、白冬瓜、水芝、地芝。

【性味】性微寒，味甘、淡。

【归经】入肺、大肠、小肠、膀胱经。

【功效】利尿消肿、清热止渴、解毒、减肥。

【禁忌】脾虚胃寒、肾虚者不宜多服。

健康小贴士

穴位按摩法祛除湿热

中脘、足三里可以和胃健脾，促进脾胃运化水湿；阴陵泉是脾经的合穴，也可以健脾除湿。这三个穴位都比较适合湿热体质的人进行按摩。

凉血除湿+稳定胆固醇

荞麦米糊

材料

荞麦70克，大米30克，盐适量。

做法

❶ 荞麦洗净，用清水浸泡 4 小时；大米洗净，用清水浸泡 2 小时。

❷ 将以上食材全部倒入豆浆机中，加水至上、下水位线之间，按下“米糊”键。

❸ 待豆浆机提示米糊煮好后，倒入碗中，加入适量的盐，即可食用。

养生功效

此款米糊具有凉血、除湿热的作用，特别适合高血压、高脂血症患者食用。

利水除湿+消肿解毒

红豆米糊

材料

大米60克，红豆30克，陈皮3克，白糖适量。

做法

❶ 红豆洗净，用清水浸泡 6 ~ 8 小时；大米洗净，用清水浸泡 2 小时；陈皮用温水泡软。

❷ 将以上食材全部倒入豆浆机中，加水至上、下水位线之间，按下“米糊”键。

❸ 待豆浆机提示米糊煮好后，倒入碗中，加入适量的白糖，即可食用。

养生功效

红豆具有利水除湿、消肿解毒的功效，适宜患有水肿、脚气的人群食用。

除湿利水+止咳化痰

海带冬瓜粥

材料

海带50克，冬瓜50克，大米100克，葱花、盐各适量。

做法

❶ 大米洗净，浸泡1小时；海带洗净、切丝；冬瓜去皮去瓤，洗净，切成小块。

❷ 注水入锅，大火烧开后将大米、海带丝、冬瓜块全倒入锅中，边煮边搅拌。

❸ 煮开后，转小火继续慢慢熬煮至粥成，再加入适量的盐，撒上葱花，即可食用。

养生功效

此款粥中的冬瓜和海带都具有除湿利水、止咳化痰的功效，尤其适宜痰湿体质的人群食用。

利水减肥+清热解毒

冬瓜白萝卜豆浆

材料

冬瓜30克，白萝卜30克，黄豆50克，白糖适量。

做法

❶ 黄豆洗净，用清水浸泡6～8小时；冬瓜、白萝卜分别洗净、去皮，切成小块。

❷ 将以上食材全部倒入豆浆机中，加水至上、下水位线之间，按下“豆浆”键。

❸ 待豆浆机提示豆浆做好后，倒出过滤，再加入适量的白糖，即可饮用。

养生功效

此款豆浆中的冬瓜具有利水、消炎的功效，白萝卜、黄豆则具有清热解毒的功效。

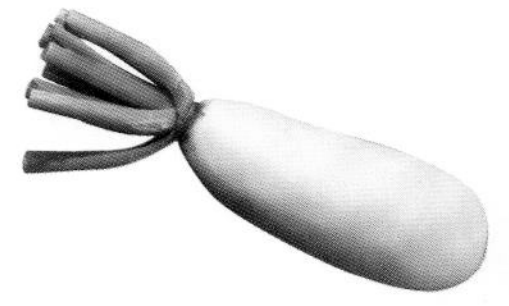

补益虚损，和中益肾

补气除湿+益脾和胃

山药薏米豆浆

材料

山药20克，薏米30克，黄豆50克，白糖适量。

做法

❶ 黄豆洗净，清水浸泡6～8小时；薏米洗净，清水浸泡4小时；山药去皮，洗净，切丁。

❷ 将以上食材全部倒入豆浆机中，加水至上、下水位线之间，按下“豆浆”键。

❸ 待豆浆机提示豆浆做好后，倒出过滤，再加入适量的白糖，即可饮用。

养生功效

薏米是常见的除湿利水食物，尤其适合在夏季潮湿的时候食用；山药则具有补气、益脾和胃的功效。

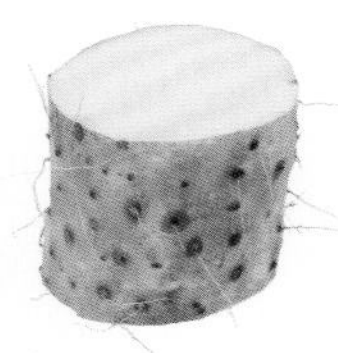

益胃补肾，固肾益精

滋阴润肺

肺位于胸腔，左右各一，覆盖于心之上。肺有分叶，左二右三，共五叶。肺经、肺系与喉、鼻相连，故称喉为肺之门户，鼻为肺之外窍。

☺食材、药材推荐

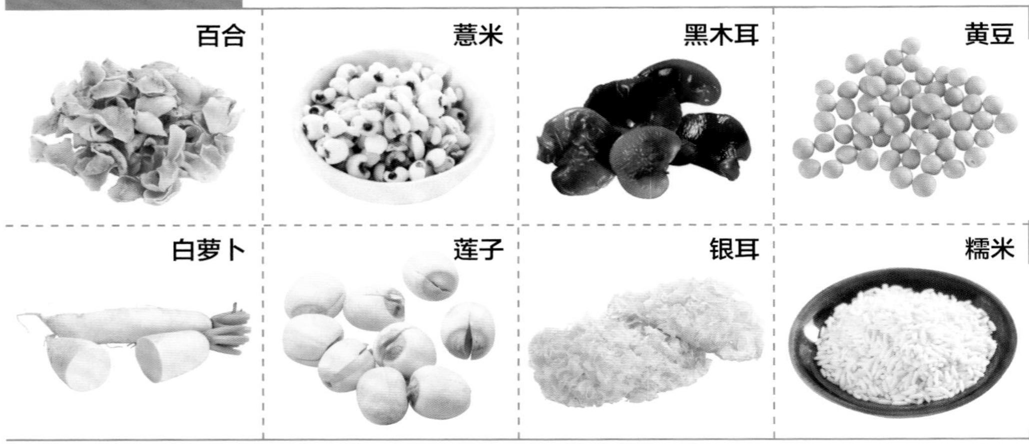

饮食护理

☑ 酸甜味水果 ☑ 白色食物 ☑ 清淡食物 ☒ 辛辣 ☒ 生冷 ☒ 吸烟 ☒ 饮酒 ☒ 油腻

症因解读

肺位最高，邪必先伤；肺为清虚之脏，清轻肃静，不容纤芥，不耐邪气之侵。故无论外感、内伤或其他脏腑病变，皆可病及于肺而发生咳嗽、气喘、咯血、失音、肺痨、肺痿等病症。

症状表现

全身不适，发热，乏力，易疲劳，心烦意乱，食欲差，夜间盗汗，时间持续过长体重还会下降，女性有时还会月经不正常。

护理指南

1. 不吸烟不喝酒，少吃刺激性食物。

2. 饮食以高热量、高蛋白为主，同时还应摄入大量的蔬菜、水果，再搭配一些粗粮。

3. 需要注意食用补益中药要有度。

4. 肺结核患者慎食菠菜。菠菜含有草酸，极易与钙结合生成不溶性草酸钙，延缓病体康复。

5. 少去污染严重、人多脏乱的地方。

食材、药材图典 • 百合

【别名】重迈、中庭、重箱、摩罗、强瞿、百合蒜、蒜脑薯、喇叭筒。

【性味】性微寒，味甘。

【归经】归肺、心经。

【功效】润肺止咳，清心安神。

【禁忌】风寒咳嗽、虚寒出血、脾胃不佳者忌食。

【挑选】淡红色、土黄色、灰色，自然且充满弹性者为佳。

健康小贴士

滋阴润肺穴位养生法

按压刺激足三里穴和小腿前外侧，每次操作5~10分钟，每天2~3次即可。

止咳清火+宁心安眠

百合莲子豆浆

材料

百合20克，莲子15克，黄豆60克，蜂蜜适量。

做法

❶ 黄豆洗净，用清水浸泡 6 ~ 8 小时；百合、莲子分别用温水泡开；莲子去衣、去芯。

❷ 将以上食材全部倒入豆浆机中，加水至上、下水位线之间，按下“豆浆”键。

❸ 待豆浆机提示豆浆做好后，倒出过滤，加入适量的蜂蜜，即可饮用。

养生功效

本品具有滋阴润肺的功效。

滋阴化痰+清肺热

双耳萝卜米糊

材料

大米80克，黑木耳、银耳各10克，白萝卜20克，盐适量。

做法

❶ 大米洗净，用清水浸泡 2 小时；黑木耳、银耳分别泡发，去蒂；白萝卜洗净去皮，切成小块。

❷ 将以上食材倒入豆浆机中，加水至上、下水位线之间，按下“米糊”键。

❸ 豆浆机提示米糊做好后倒入碗中，加入适量的盐，即可食用。

养生功效

此款米糊具有化痰、清肺热的功效，尤其适合秋冬季节食用。

滋阴润肺+止咳祛燥

百合薏米糊

材料

薏米80克，百合30克，白糖适量。

做法

❶ 薏米洗净，用清水浸泡 4 小时；百合洗净，用温水泡开。

❷ 将以上食材全部倒入豆浆机中，加水至上、下水位线之间，按下“米糊”键。

❸ 待豆浆机提示米糊煮好后，倒入碗中，加入适量的白糖，即可食用。

养生功效

百合具有滋阴润肺、止咳祛燥的功效；薏米具有健脾除湿的功效。二者搭配而成的米糊可起到润肺除湿的作用。

润肺+润肤美容

银耳大米粥

材料

银耳2朵，干百合10克，大米100克，冰糖适量。

做法

❶ 大米洗净，用清水浸泡1小时；银耳、干百合各用温水泡开，银耳去蒂，撕成小朵。

❷ 注水入锅，大火烧开后将所有食材一起倒入锅中，边煮边搅拌。

❸ 煮开后，转小火继续慢慢熬煮至粥成，加入适量冰糖，搅拌均匀后，倒入碗中，即可食用。

养心安神，润肺止咳

养生功效

银耳、百合皆是润肺佳品，适合燥热咳嗽的人群食用。

滋阴润肺+安养心神

百合莲子红豆糯米粥

材料

百合10克，莲子25克，糯米50克，红豆50克，冰糖适量。

做法

❶ 糯米、红豆分别洗净，糯米用清水浸泡1小时，红豆用清水浸泡4小时；百合、莲子分别用温水泡开，莲子去衣。

❷ 注水入锅，大火烧开后下红豆煮至滚沸，再将其他食材一起倒入锅中，边煮边搅拌。

❸ 煮开后，转小火继续慢慢熬煮至粥成，加冰糖，搅拌均匀后，倒入碗中即可。

养生功效

此款糯米粥不仅可以滋阴润肺，而且对调养气血、补益虚损有很大的好处。

补脾止泻，养心安神

养肝补血

中医认为"肝主藏血"，即肝脏具有贮藏、收摄血液，调节血量的功能。人的精神活动也与肝的疏泄功能有关。肝功能正常，人体就能较好地协调自身的精神、情志活动。

☺食材、药材推荐

饮食护理

☑ 动物肝脏 ☑ 青色食物 ☑ 红色食物 ☑ 含铁食物 ☒ 熏制食物 ☒ 吸烟 ☒ 辛辣

症因解读

感染病毒，有甲肝病毒、乙肝病毒或者戊肝病毒，从外界侵入体内，在肝脏安营扎寨，这是最常见的一种外来致病因素。此外，用药不当，肝脏作为代谢器官也会受到伤害。

症状表现

眼干眼涩、视物不明、眩晕、耳鸣、面色苍白或萎黄、多梦、妇女少经或闭经、脸色晦暗失去光泽、皮肤呈黄疸色等。

护理指南

1. 脂肪肝患者应控制热量摄入，以便肝细胞内脂肪的氧化消耗。

2. 摄入富含高蛋白的食物，高蛋白可保护肝细胞，并能促进肝细胞的修复与再生。保证绿叶蔬菜的摄入，以满足机体对维生素的需要。适量饮水，以促进机体代谢及代谢物的排泄。

3. 多食用含有丰富甲硫氨基酸的食物，可促进体内磷脂合成，协助肝细胞内脂肪的转化。

食材、药材图典 • 鸡肝

【性味】性温，味甘。

【归经】入肝、肾、脾经。

【功效】补肝肾，可缓解肝虚目暗、小儿疳积。

【禁忌】高脂血症、高血压和冠心病患者应少食。

健康小贴士

养肝补血精神疗法

保持良好的心态、充足的睡眠和适当的运动，不好的精神情绪若长期存在，则会引起肝络失畅。

补血养颜+补脾安神

花生红枣豆浆

材料

花生30克，红枣10颗，黄豆50克，白糖适量。

做法

❶ 黄豆洗净，用清水浸泡 6 ~ 8 小时；花生、红枣各用温水泡开；红枣去核。

❷ 将以上食材全部倒入豆浆机中，加水至上、下水位线之间，按下“豆浆”键。

❸ 待豆浆机提示豆浆做好后，倒出过滤，再加入适量的白糖，即可饮用。

养生功效

此款豆浆具有补血养颜的作用，尤其适合女性经常饮用。

活血补血+滋阴养肝

鸭血小米糊

材料

小米80克，鸭血30克，盐适量。

做法

❶ 小米洗净，清水浸泡 2 小时；鸭血切成小块后，用温水浸泡 10 分钟。

❷ 将以上食材全部倒入豆浆机中，加水至上、下水位线之间，按下“米糊”键。

❸ 待豆浆机提示米糊煮好后，倒入碗中，加入适量的盐，即可食用。

养生功效

此款米糊具有活血补血、滋阴养肝的功效，不仅适合肝病患者食用，还适合经常头晕目眩、心悸者食用。

养肝补肝+调节视力

鸡肝米糊

材料

大米100克，鸡肝3个，葱花、盐各适量。

做法

❶ 大米洗净，用清水浸泡 2 小时；鸡肝洗净，切成小片，入沸水焯至变色。

❷ 将以上食材全部倒入豆浆机中，加水至上、下水位线之间，按下“米糊”键。

❸ 待豆浆机提示米糊煮好后，倒入碗中，加入适量的盐，撒上葱花，即可食用。

养生功效

此款米糊不仅具有养肝补肝的功效，而且对因肝脏原因导致的视力低下也有一定的调节作用。

活血利水+补血安神

玫瑰花黑豆浆

材料

玫瑰花5克，黑豆80克，白糖适量。

做法

❶ 黑豆洗净，用清水浸泡6～8小时；玫瑰花用温水泡开。

❷ 将以上食材全部倒入豆浆机中，加水至上、下水位线之间，按下“豆浆”键。

❸ 待豆浆机提示豆浆做好后，倒出过滤，再加入适量的白糖，即可饮用。

养生功效

玫瑰花具有行气活血的功效；黑豆具有活血利水、补血安神的功效，二者同打为豆浆，补血效果更佳。

补脾利水，解毒乌发

补血养胃+补脾益血

红豆花生红枣粥

材料

红豆50克，花生30克，红枣10颗，糯米100克，红糖适量。

做法

❶ 糯米、红豆分别洗净，糯米用清水浸泡2小时，红豆用清水浸泡4小时；红枣、花生分别用温水泡开，红枣去核。

❷ 注水入锅，大火烧开后，将所有食材倒入锅中，边煮边搅拌。

❸ 煮开后，转小火继续慢慢熬煮至粥成，加入适量的红糖，即可食用。

养生功效

糯米具有补虚、止血、养胃的作用。此款糯米粥可以排出体内多余的水分，缓解水肿，对于女性而言，具有美容养颜的功效。

清热去火

中医认为人体阴阳失衡、内火旺盛，即会上火。所谓的“火”是形容身体内某些热性的症状，而上火也就是人体阴阳失衡后出现的内热。

☺食材、药材推荐

饮食护理

☑ 凉性食物 ☑ 少盐 ☑ 少糖 ☑ 高膳食纤维 ☒ 辛辣 ☒ 烟酒 ☒ 烧烤 ☒ 油炸食物

症因解读

情绪波动、压力过大、中暑、受凉、伤风、嗜烟酒以及过食葱、姜、蒜、辣椒等辛辣之品，缺少睡眠等都会导致上火。

症状表现

实火患者表现为面红目赤、口唇干裂、咽喉肿痛；阴虚火旺者多表现为全身潮热、盗汗；气虚火旺者常见症状有全身低热、畏寒怕风、喜热怕冷。

护理指南

1. 主食最好选择粗粮。粗粮膳食纤维含量丰富，可预防由胃肠燥热引起的便秘。玉米或红薯是不错的选择。

2. 吃辣时搭配凉性食物，能起到“中和”作用，清热去火，还要多喝水或汤，因为吃辣容易引起咽干唇裂等症状，更要注意补充水分。

3. 吃辣后最好多吃酸味水果。因其含鞣酸、膳食纤维等，能刺激消化液分泌，帮助滋阴润燥。

食材、药材图典 • 菊花

【别名】寿客、金英、黄华、秋菊、陶菊、艺菊。
【性味】性微寒，味苦、甘。
【归经】入肺、肝经。
【功效】平肝明目、消咳止痛。
【禁忌】脾虚胃寒者少食。

健康小贴士

嗓子上火穴位按摩疗法

一边按摩天突穴，一边做吞咽的动作，配合呼吸。该穴位按摩法对咽喉大有裨益，可以预防嗓子干燥、发炎等问题。

清热去火+消肿通气

绿茶百合绿豆浆

材料

绿茶10克，百合10克，绿豆80克，蜂蜜适量。

做法

❶ 绿豆洗净，用清水浸泡 6 ~ 8 小时；百合、绿茶各用温水泡开。

❷ 将以上食材全部倒入豆浆机中，加水至上、下水位线之间，按下“豆浆”键。

❸ 待豆浆机提示豆浆做好后，倒出过滤，加入适量的蜂蜜，即可饮用。

养生功效

绿豆具有消肿通气、清热解毒的功效。此款豆浆偏凉性，孕妇不宜饮用。

清火解毒+平肝明目

菊花绿豆粥

材料

菊花15克，绿豆50克，大米100克，冰糖适量。

做法

❶ 大米、绿豆分别洗净，大米用清水浸泡 1 小时，绿豆浸泡 4 小时；菊花用温水泡开。

❷ 注水入锅，大火烧开后将以上食材全部倒入锅中，边煮边适当翻搅，待煮开后，转小火继续慢慢熬煮至粥成，再加入适量的冰糖，待冰糖溶化后，即可食用。

养生功效

绿豆和菊花同煮为粥，对肝脏和眼睛都大有益处。

清热解毒+缓解上火

黄瓜绿豆豆浆

材料

黄瓜30克，绿豆20克，黄豆50克。

做法

❶ 黄豆、绿豆分别洗净，用清水浸泡 6 ~ 8 小时；黄瓜洗净，去皮，切成小块。

❷ 将以上食材全部倒入豆浆机中，加水至上、下水位线之间，按下“豆浆”键。

❸ 待豆浆机提示豆浆做好后，倒出过滤，即可饮用。

养生功效

此款豆浆具有缓解上火症状的作用，且性质较为温和，清热解毒，一般人群皆可饮用。

利水排毒+清热解毒

红豆小米糊

材料

红豆40克，小米40克，莲子10克，白糖适量。

做法

❶ 红豆用清水浸泡 6 小时；小米洗净，用清水浸泡 2 小时；莲子用温水泡开，去衣留芯。

❷ 将以上食材全部倒入豆浆机中，加水至上、下水位线之间，按下“米糊”键。

❸ 豆浆机提示米糊煮好后，加入白糖，调匀即可。

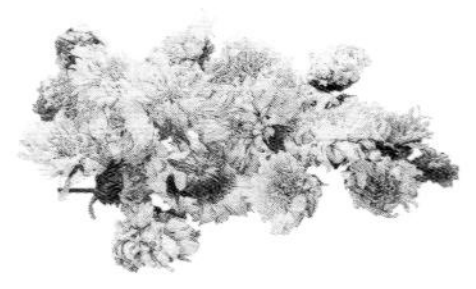
疏风清热，明目解毒

养生功效

红豆具有利水、清热的功效；莲子清热效果绝佳。此款米糊尤其适合心火过盛者食用。

清热解暑+明目解毒

苦瓜大米粥

材料

苦瓜半根，大米100克，冰糖适量。

做法

❶ 大米洗净，用清水浸泡 1 小时；苦瓜洗净，切片。

❷ 注清水入锅，大火烧开后下大米，边煮边适当翻搅。

❸ 待米煮开后，加入苦瓜片转小火慢慢熬至粥成，再加入适量的冰糖，待冰糖溶化后，倒入碗中，即可食用。

养生功效

苦瓜性寒，味苦，具有清热解暑、明目解毒的功效。本品不宜长期食用，孕妇则应忌服。

清热解暑，消肿解毒

补肾固肾

肾脏是人体的重要排泄器官，其主要功能是过滤形成尿液并排出代谢物，调节体内的电解质和酸碱平衡。肾脏具有内分泌功能，通过产生肾素、前列腺素等，参与调节血压、红细胞的生成和钙的代谢。

☺食材、药材推荐

饮食护理

☑ 性味咸平食物 ☑ 黑色食物 ☑ 豆类 ☑ 动物肾脏 ☒ 热性食物 ☒ 辛辣 ☒ 油炸食物

症因解读

劳损过度、久病不愈、禀赋薄弱、房事不节、饮食不规律、过量服用药物、饮水过少、经常憋尿等都可引起肾病。

症状表现

明显症状表现为全身水肿，开始见于眼睑及颜面，逐渐会遍及全身，严重者可有胸腔、腹腔积液及阴囊、阴茎、阴唇水肿，多为可凹性，伴随着形体虚弱、头晕耳鸣、健忘失眠、腰酸腿软、咽干口燥等症状。

护理指南

1. 限制含钾高的饮食。不吃含钾量高的食物，中等含钾量的要少吃。水果宜每天摄取少量，不宜过多。

2. 低磷饮食。肉类的含磷量高于蔬果，为减少肉类中的含磷量，可把肉切成片，用开水煮一下，只吃肉不喝汤。

3. 减少钠的摄入量。少用含钠高的调味品，如食盐、味精、蚝油、酱制品、霉菜、咸菜、榨菜等。

4. 不摄入或少摄入高盐食物，饮品中适当加入薄荷叶、柠檬片。

食材、药材图典 • 黑米

【别名】血糯米。

【性味】性平，味甘。

【归经】入脾、胃经。

【功效】开胃益中、健脾活血、明目。

【禁忌】脾胃虚弱的小儿或老年人不宜食用。

健康小贴士

肾病的穴位按摩治疗法

用中指罗纹面在关元穴上揉按，力度由轻到重，以产生胀痛感为宜，揉按 2 分钟，约 200 次。

补益气虚+补益肾脏

黑豆黑米糊

材料

黑豆60克，黑米50克，白糖适量。

做法

❶ 黑豆洗净，用清水浸泡 6 ~ 8 小时；黑米洗净，用清水浸泡 4 小时。

❷ 将以上食材全部倒入豆浆机中，加水至上、下水位线之间，按下“米糊”键。

❸ 待豆浆机提示米糊煮好后，倒入碗中，加入适量的白糖，即可食用。

养生功效

黑色滋补养肾。一般而言，黑色食物对肾脏具有良好的补益作用。

壮阳补肾+暖肾散寒

韭菜虾肉米糊

材料

大米80克，韭菜30克，虾仁20克，料酒、盐各适量。

做法

❶ 大米用清水浸泡 2 小时；韭菜去黄叶，洗净；虾仁去虾线，洗净后用刀面拍松，再用料酒腌渍 15 分钟。

❷ 将以上食材全部倒入豆浆机中，加水至上、下水位线之间，按下“米糊”键。

❸ 待豆浆机提示米糊煮好后，加入盐即可。

养生功效

虾仁为壮阳补肾佳品；韭菜则具有暖肾的功效，尤其适宜肾阳虚者食用。

补肾益气+缓解肾虚

黑芝麻黑豆浆

材料

黑芝麻30克，黑豆70克，白糖适量。

做法

❶ 黑豆洗净，用清水浸泡 6 ~ 8 小时；黑芝麻洗净，控干。

❷ 将以上食材全部倒入豆浆机中，加水至上、下水位线之间，按下“豆浆”键。

❸ 待豆浆机提示豆浆做好后，倒出过滤，再加入适量的白糖，即可饮用。

养生功效

此款豆浆具有补肾益气的功效，同时也可适度缓解腰膝酸软、四肢无力等因肾虚引起的病症。

滋阴补血+养血益气

木耳黑米粥

材料

黑木耳10克，黑米100克，红枣10颗，白糖适量。

做法

❶ 黑米洗净，用清水浸泡4小时；黑木耳用温水泡开，洗净，去蒂，撕碎；红枣用温水泡发，去核。

❷ 注水入锅，大火烧开，将所有食材下锅同煮，边煮边适当翻搅。

❸ 待米煮开后，加入适量的白糖调味，待白糖溶化后，倒入碗中，即可食用。

养生功效

黑木耳、红枣、黑米都具有养血的功效，三者同熬为粥，对滋阴补血有较好的作用。

消暑解渴，润肺止咳

健脾胃，益肺肾

补肾固肾+健脾养气

山药虾仁粥

材料

山药70克，虾仁30克，大米100克，葱花、料酒、盐各适量。

做法

❶ 大米洗净，清水浸泡1小时；山药去皮，洗净，切成小块；虾仁去虾线，洗净，用刀面拍松，加适量料酒腌制15分钟。

❷ 注水入锅，大火烧开后下大米、山药块同煮，边煮边适当翻搅。

❸ 待米煮开后，转小火继续熬煮至八成熟，倒入虾仁同煮至粥全熟后，加入适量的盐，撒上葱花，即可出锅。

养生功效

虾仁助阳，且富含优质蛋白质；山药可补肾、健脾、养气，经常食用山药虾仁粥，有助于固肾、提高免疫力。

清肠排毒

肠指的是从胃幽门至肛门的消化管。大量的消化作用和几乎全部消化产物的吸收都是在小肠内进行的，大肠主要浓缩食物残渣，形成粪便，再通过直肠经肛门排出体外。

☺食材、药材推荐

饮食护理

☑ 维生素 C　☑ 维生素 E　☑ 高纤维食物　☑ 绿色蔬菜　☒ 精加工食品　☒ 街边小吃

症因解读

细菌、病毒、真菌和寄生虫等微生物感染会引起胃肠炎；细菌感染或神经反射性痉挛会引起阑尾炎。自主神经紊乱会使肠道失去正常蠕动能力，从而使食物滞留，引起肠道狭窄。

症状表现

腹痛、腹胀、恶心、腹泻、便秘、发热、停止排便排气等，严重者可致脱水、电解质紊乱、休克。

护理指南

1. 饮食以少油、少膳食纤维为主。在胃肠炎发病初期只能进食清淡流食，如浓米汤、淡果汁、面汤、热茶。

2. 适当饮用大量含维生素 C 的饮料，如鲜橘汁、西红柿汁。

3. 禁食酒类、咖啡、肥肉、冷茶、汽水、坚硬及多纤维的蔬菜、水果等。可吃含有蛋白质及少量脂肪的食物，如乳类、蛋类、豆浆、豆腐等，少吃糖类。

食材、药材图典 • 香蕉

【别名】甘蕉、弓蕉、芽蕉、芎蕉。

【性味】性寒，味甘。

【归经】入肺、大肠经。

【功效】清热润肺，止烦渴，填精髓，解酒毒。

【禁忌】脾胃虚寒、胃痛、腹泻者应少食，胃酸过多者最好不吃。

健康小贴士

肠炎穴位按摩疗法

取葱白、生姜水加热，以食指蘸药在另一只手的拇指、小指根部掌面向外擦 12 次，在内关穴、手臂上方推擦各 12 次，每日操作 1 ~ 2 遍，连用 2 ~ 3 日。

促进排便+预防便秘

红薯燕麦米糊

材料

红薯80克，生燕麦片80克，盐适量。

做法

❶ 红薯洗净，去皮，切成小块；生燕麦片用水洗净。

❷ 将以上食材全部倒入豆浆机中，加水至上、下水位线之间，按下“米糊”键。

❸ 待豆浆机提示米糊煮好后，倒入碗中，加入适量的盐，即可食用。

养生功效

红薯和燕麦都具有增强肠胃蠕动、促进排便的功能，二者同打成米糊，尤其适宜长期便秘的患者食用。

清热解毒+润肠通便

南瓜绿豆豆浆

材料

南瓜30克，绿豆20克，黄豆50克，白糖适量。

做法

❶ 黄豆、绿豆洗净，用清水浸泡6～8小时；南瓜洗净，去皮去瓤，切成小块。

❷ 将以上食材全部倒入豆浆机中，加水至上、下水位线之间，按下“豆浆”键。

❸ 待豆浆机提示豆浆做好后，倒出过滤，再加入适量的白糖，即可饮用。

养生功效

此款豆浆有助于通便、清热解毒，适宜肠燥便秘者饮用。

清热通便+改善便秘

薏米燕麦豆浆

材料

薏米20克，生燕麦片30克，黄豆50克，白糖适量。

做法

❶ 黄豆洗净，用水浸泡6～8小时；薏米洗净，用水浸泡4小时；生燕麦片洗净，浸泡半小时。

❷ 将以上食材全部倒入豆浆机中，加水至上、下水位线之间，按下“豆浆”键。

❸ 待豆浆机提示豆浆做好后，倒出过滤，再加入适量的白糖，即可饮用。

养生功效

薏米利水，燕麦通便，黄豆清热，饮用此豆浆有明显的改善便秘作用。

防结肠癌+稳定血压

芹菜粥

材料

芹菜50克，大米100克，盐适量。

做法

❶ 大米淘洗干净；芹菜择洗干净后切小段，用水浸泡1小时。

❷ 注水入锅，大火烧开，下大米煮至滚沸后转小火继续慢熬半小时。

❸ 加入芹菜段同煮至菜熟粥烂，加入适量的盐，待盐溶化后，倒入碗中，即可食用。

养生功效

芹菜含有大量的膳食纤维，经常食用有助于预防结肠癌，同时比较适合高血压患者食用。

第三章

米糊豆浆 杂粮粥 养颜塑身

姣好的容颜与健康的饮食之间关系是非常密切的。自古以来，爱美的女性都知道，只有气血充足，才能气色红润，而不同的食物也具有不同的养颜功效。本章主要介绍了许多人们在日常生活中可以接触到具有养颜塑身功效的食材，以帮助读者适当改善皮肤状况，调节身材。

美容养颜

皮肤与浅筋膜、面肌、血管、淋巴及神经组成了我们的面部。面部皮肤薄而柔软，富有弹性，含有较多的皮脂腺、汗腺和毛囊，是皮脂腺囊肿的易发部位。

☺食材、药材推荐

豆腐

红枣

雪梨

桂圆

茉莉

玫瑰花

西芹

花生

饮食护理

☑ 各类维生素 ☑ 高纤维 ☑ 优质蛋白质 ☑ 清淡饮食 ☒ 高脂肪 ☒ 烟酒 ☒ 油炸食品

症因解读

肝炎、贫血、皮脂腺分泌过多、消化不良、便秘，以及身体的各项疾病，休息不好、上火、喝酒、饮食无规律、暴饮暴食、思虑、疲劳过度等都可能引起面黄暗沉、色斑、痘痘、出油等面部问题。

症状表现

痘痘、红血丝、色斑、毛孔粗大、眼部出现小细纹、黑头粉刺、毛孔堵塞、眼袋、黑眼圈、皱纹等症状。

护理指南

1. 多吃含锌含钙的食物。锌可增加抵抗力，加速蛋白质合成及细胞再生，促进伤口愈合。

2. 多吃维生素C含量多的食品。维生素C能有效地修复被暗疮损伤的组织。

3. 多吃粗纤维食品。可促进肠胃蠕动，加快代谢，使多余的油脂尽早排出体外。

4. 忌肥腻厚味，忌辛辣温热。辛辣食物易刺激神经和血管，容易引起暗疮复发。

食材、药材图典 • 黄豆

【别名】大豆、菽。

【性味】性平，味甘。

【归经】入脾、大肠经。

【功效】补脾益气，消热解毒。

【禁忌】脾胃虚寒、腹泻便溏者忌食。

健康小贴士

痘痘、痤疮穴位按摩疗法

一只手拇指指尖压迫另一只手的合谷穴1分钟左右，然后用指腹分别沿顺时针方向、逆时针方向旋转按摩36次；再以同样的手法指压、按摩神门穴与大陵穴。

补气养血+改善气色

花生桂枣米糊

材料

大米80克，花生20克，桂圆肉20克，红枣5颗，白糖适量。

做法

❶ 大米洗净，用清水浸泡2小时；花生、桂圆肉、红枣用温水泡开；红枣去核。

❷ 将以上食材全部倒入豆浆机中，加水至上、下水位线之间，按下“米糊”键。

❸ 待豆浆机提示米糊煮好后，倒入碗中，加入适量的白糖，即可食用。

养生功效

桂圆肉具有补气养血的功效，经常食用本品有助于改善气色。

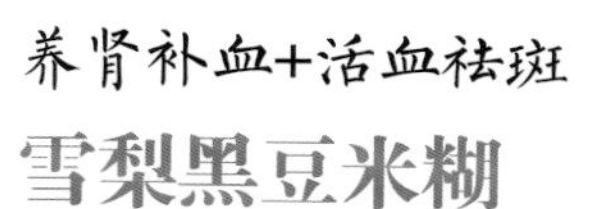

养肾补血+活血祛斑

雪梨黑豆米糊

材料

大米60克，黑豆50克，雪梨1个，白糖适量。

做法

❶ 大米洗净，用清水浸泡2小时；黑豆洗净，用清水浸泡6～8小时；雪梨洗净，去皮去核，切成小块。

❷ 将以上食材全部倒入豆浆机中，加水至上、下水位线之间，按下“米糊”键。

❸ 待豆浆机提示米糊煮好后，倒入碗中，加入适量的白糖，即可食用。

养生功效

此款以黑豆、雪梨为主的米糊，具有养肾补血、活血祛斑的作用。

益气补血+活血祛斑

玫瑰花红豆豆浆

材料

玫瑰花5克，红豆30克，黄豆50克，白糖适量。

做法

❶ 黄豆、红豆分别洗净，用清水浸泡6～8小时；玫瑰花用温水泡开。

❷ 将以上食材全部倒入豆浆机中，加水至上、下水位线之间，按下“豆浆”键。

❸ 待豆浆机提示豆浆做好后，倒出过滤，再加入适量的白糖，即可饮用。

养生功效

此款豆浆添加了玫瑰花、红豆，具有益气补血、活血祛斑的功效，还可起到改善面色苍白、暗黄的作用。

美白淡斑+缓解水肿

西芹薏米豆浆

材料

西芹20克，薏米20克，黄豆50克，盐或白糖适量。

做法

❶ 黄豆洗净，用清水浸泡 6 ~ 8 小时；薏米洗净，用清水浸泡 4 小时；西芹洗净，切碎。

❷ 将以上食材全部倒入豆浆机中，加水至上、下水位线之间，按下“豆浆”键。

❸ 待豆浆机提示豆浆做好后，倒出过滤，可按照个人口味加入适量的白糖或盐。

养生功效

西芹薏米豆浆除了具有美白淡斑的功效，也非常适合水肿、肥胖、患有高血压的人群食用。

疏风清热，明目解毒

清热解毒+活血行血

豆腐薏米粥

材料

豆腐70克，薏米30克，红枣10颗，糯米50克，白糖适量。

做法

❶ 糯米、薏米分别洗净，用清水浸泡 4 小时；豆腐切丁；红枣用温水泡发，去核备用。

❷ 注水入锅，大火烧开后下糯米、薏米、红枣同煮，同时适当翻搅。

❸ 待米煮开后，倒入豆腐丁同煮 15 分钟，加入白糖，待白糖溶化后，即可食用。

养生功效

此款米粥具有清热解毒、活血行血的功效，尤其适宜内脏燥热者食用。

宽中益气，调和脾胃

活血补肾+滋阴养颜

糯米黑豆豆浆

材料

糯米30克，黑豆50克，黄豆20克，白糖适量。

做法

❶ 黄豆、黑豆洗净，用清水浸泡6～8小时；糯米洗净，用清水浸泡4小时。

❷ 将以上食材全部倒入豆浆机中，加水至上、下水位线之间，按下“豆浆”键。

❸ 待豆浆机提示豆浆做好后，倒出过滤，再加入适量的白糖，即可饮用。

养生功效

此款豆浆具有活血补肾、滋阴养颜的功效，经常饮用可起到适度美容、润肤、提升气色的作用。

疏风清热，明目解毒

滋润肌肤+行气解郁

茉莉玫瑰花豆浆

材料

茉莉花5克，玫瑰花5克，黄豆70克，白糖适量。

做法

❶ 黄豆洗净，用清水浸泡6～8小时；茉莉花、玫瑰花分别用温水泡开。

❷ 将以上的食材全部倒入豆浆机中，加水至上、下水位线之间，按下“豆浆”键。

❸ 待豆浆机提示豆浆做好后，倒出过滤，再加入适量的白糖，即可饮用。

养生功效

此款豆浆不仅具有补水、滋润肌肤的功效，还具有行气解郁、补血调经的作用，尤其适宜女性饮用。

舒气活血，美容养颜

防衰祛皱

皮肤受到外界环境的影响，形成游离自由基，自由基破坏正常细胞膜组织内的胶原蛋白、活性物质、氧化细胞而形成小的细纹、皱纹。

☺食材、药材推荐

饮食护理

☑ 维生素 E ☑ 维生素 C ☑ 蛋白质 ☑ 雌激素 ☒ 高盐 ☒ 高胆固醇 ☒ 高脂肪 ☒ 辛辣食物

症因解读

体内水分不足，经常闷闷不乐，急躁孤僻，常在面部表现出愁苦、紧张、拘谨的表情，以及长期睡眠不足、过度暴晒、化妆品使用不当、过度吸烟饮酒等都易形成皱纹。

症状表现

表现为皮肤缺乏水分、表面脂肪减少、弹性下降、肌肤组织功能减退、无光泽、皮下组织减少变薄，皮肤松弛、下垂，色素增多等。

护理指南

1. 多吃富含蛋白质和维生素的食物。三文鱼及其他深海鱼不仅是蛋白质的重要来源，还含有人体所必需的脂肪酸，能滋养皮肤，有助于减少皱纹。

2. 用可可粉取代咖啡。可可粉中的黄烷醇可帮助改善女性的肌肤，并帮助皮肤防御紫外线损伤。

食材、药材图典 • 枸杞子

【别名】苦杞、枸忌、红青椒、枸蹄子、枸杞子果、地骨子。

【性味】性平，味甘。

【归经】入肝、肾、肺经。

【功效】养肝，滋肾，润肺。

【禁忌】外邪实热、脾虚有湿及泄泻者忌服。

【挑选】选类纺锤形，略扁，表面鲜红或暗红色，略具光泽，肉厚，味甜，微酸的枸杞子。

健康小贴士

消除额头皱纹按摩法

双手放在下颌处，沿下颌边缘轻轻用力将皮肤向上拉，拉至太阳穴处，操作 3 次。

延缓衰老+美容养颜

圆白菜燕麦糊

材料

燕麦80克，圆白菜40克，蜂蜜适量。

做法

❶ 燕麦用清水洗净，控干；圆白菜洗净切碎。

❷ 将以上食材全部倒入豆浆机中，加水至上、下水位线之间，按下“米糊”键。

❸ 待豆浆机提示米糊煮好后，倒入碗中，加入适量的蜂蜜，即可食用。

养生功效

此款燕麦糊具有延缓衰老、美容养颜、改善肠道状况的作用。

补血+延缓衰老

紫薯红豆粥

材料

紫薯50克，红豆30克，紫米30克，白糖适量。

做法

❶ 紫米、红豆分别洗净，用清水浸泡4小时；紫薯洗净，去皮，切成小块。

❷ 注水入锅，大火烧开，下紫米、红豆同煮至滚沸，加入紫薯块同煮，边煮边适当搅拌。

❸ 待紫薯也煮至滚沸，加入适量的白糖调味，待白糖溶化，倒入碗中，即可食用。

养生功效

紫薯可起到清除体内自由基、延缓衰老的作用，红豆、紫米可美容补血，三者同煮的粥，具有延缓衰老的作用。

补肾+延缓衰老

枸杞核桃米糊

材料

大米60克，核桃30克，枸杞子20克，白糖适量。

做法

❶ 大米洗净，用清水浸泡2小时；核桃、枸杞子分别用温水泡开。

❷ 将以上食材全部倒入豆浆机中，加水至上、下水位线之间，按下“米糊”键。

❸ 待豆浆机提示米糊煮好后，倒入碗中，加入适量的白糖，即可食用。

养生功效

枸杞子具有补肾的功效，与大米、核桃打成米糊，可起到延缓衰老的作用。此款米糊尤其适宜年老、肾气衰竭者食用。

活血行气+利水消肿

杏仁芝麻糯米豆浆

材料

杏仁20克，黑芝麻10克，糯米20克，黄豆50克，白糖适量。

做法

❶ 黄豆洗净，用清水浸泡 6 ~ 8 小时；糯米洗净，用清水浸泡 4 小时；杏仁用温水泡开，黑芝麻洗净。

❷ 将食材全部倒入豆浆机中，加水至上、下水位线之间，按“豆浆”键。

❸ 待豆浆机提示豆浆做好后，倒出过滤，再加入白糖，即可饮用。

养生功效

此款豆浆有活血行气、利水消肿、美白润肤的功效。

止咳平喘，润肠通便

美容养颜+延缓衰老

牛奶黑芝麻粥

材料

牛奶200毫升，黑芝麻30克，枸杞子10克，大米100克，白糖适量。

做法

❶ 大米洗净，用清水浸泡 1 小时；黑芝麻用清水洗净，控干；枸杞子用温水泡开，将以上食材备用。

❷ 注水入锅，大火烧开后下大米和黑芝麻同煮，边煮边适当搅拌。

❸ 待米煮开后，加入牛奶转小火继续慢熬半小时，起锅前加入枸杞子和白糖煮约 5 分钟，即可食用。

养生功效

牛奶历来是美容佳品，而枸杞子和黑芝麻也都具有延缓衰老的作用，三者同煮粥服食可起到美容养颜的作用。

养肝滋肾，润肺补虚

明目美容

一双明亮、充满神采的眼睛是一个人健康和精神状态良好的标志。如果眼睛出现不适，一般即为肝脏、肾脏等内部器官出现问题或衰老退化的迹象。

☺食材、药材推荐

饮食护理

☑ 维生素 A　☑ B 族维生素　☑ 含铬食物　☑ 含钙食物　☒ 生洋葱　☒ 生大蒜　☒ 烟酒

症因解读

营养摄入不均衡、用眼过度、异物进入眼睛，肝脏、肾脏等内部器官出现问题或衰老退化都会引起眼睛不适，而青少年微量元素铬、锶和锌等的缺乏和体质薄弱都会影响视力。

症状表现

轻者表现为眼胀、眼痛、眼干涩、黑眼圈、眼睑下垂、视物有双影虚边等，严重者会伴随头部剧痛、眼球充血、视力骤降。

护理指南

1. 多吃富含维生素 A 及胡萝卜素的食物。胡萝卜素、维生素 B_6、维生素 C 及锌的补充也可以帮助缓解眼睛干燥。维生素 A 能维持人体细胞的完整性，参与合成能增强夜间视物能力的物质。

2. 含有维生素 C 的食物对眼睛也有益。维生素 C 是组成眼球水晶体的成分之一。如果缺乏维生素 C，就容易患水晶体浑浊的白内障病。

食材、药材图典 • 胡萝卜

【别名】赤珊瑚、红萝卜、黄萝卜、番萝卜、丁香萝卜。

【性味】性平，味甘。

【归经】入肝、胃、肺经。

【功效】补肝明目，清热解毒。

【禁忌】胡萝卜素是脂溶性的，因此不宜生吃。

【挑选】以质细味甜、脆嫩多汁、表皮光滑、形状整齐、心柱小、肉厚、不糠、无裂口和病虫伤害的为佳。

补肝明目+清热解毒

胡萝卜米糊

材料

大米70克，胡萝卜60克，油、白糖各适量。

做法

❶ 大米洗净，用清水浸泡 2 小时；胡萝卜洗净，切丁。

❷ 烧锅入油，倒胡萝卜丁炒至表面透亮。

❸ 将大米和炒好的胡萝卜丁都放入豆浆机中，加水至上、下水位线之间，按下“米糊”键。

❹ 待豆浆机提示米糊煮好后，倒入碗中，加入适量的白糖，即可食用。

养生功效

胡萝卜性平，味甘，具有补肝明目、清热解毒的功效。胡萝卜含有丰富的营养元素，对眼睛干涩等问题有一定的改善作用。

补中益气，健脾养胃

清热润燥+消炎去火

绿豆荞麦米糊

材料

绿豆50克，荞麦50克，莲子20克，白糖适量。

做法

❶ 绿豆洗净，用清水浸泡 6 小时；荞麦洗净，用清水浸泡 4 小时；莲子用温水泡发，去衣、去芯，洗净。

❷ 将以上食材全部倒入豆浆机中，加水至上、下水位线之间，按下“米糊”键。

❸ 豆浆机提示米糊煮好后，加入适量的白糖，即可食用。

养生功效

绿豆荞麦米糊具有清热润燥的功效，适宜因上火导致眼部不适的人群食用。

清热解毒，消暑开胃

清热去火+清肝明目

菊花豆浆

材料

菊花10克，黄豆80克，冰糖适量。

做法

❶ 黄豆洗净，用清水浸泡 6 ~ 8 小时；菊花用温水泡开。

❷ 将以上食材全部倒入豆浆机中，加水至上、下水位线之间，按下“豆浆”键。

❸ 待豆浆机提示豆浆做好后，倒出过滤，加入适量的冰糖，即可饮用。

养生功效

菊花性微寒，味甘、苦，具有很好的去火、清肝明目的功效。

明亮眼睛+养肝护肾

胡萝卜枸杞豆浆

材料

胡萝卜30克，枸杞子10克，黄豆50克，白糖适量。

做法

❶ 黄豆洗净，用清水浸泡6～8小时；枸杞子用温水泡开；胡萝卜洗净，切成小块备用。

❷ 将以上食材全部倒入豆浆机中，加水至上、下水位线之间，按下“豆浆”键。

❸ 待豆浆机提示豆浆做好后，倒出过滤，再加入适量的白糖，即可饮用。

养生功效

胡萝卜、枸杞子皆是明目佳品，此款豆浆不仅可以起到明亮眼睛的功效，而且对肝肾也有一定的养护作用。

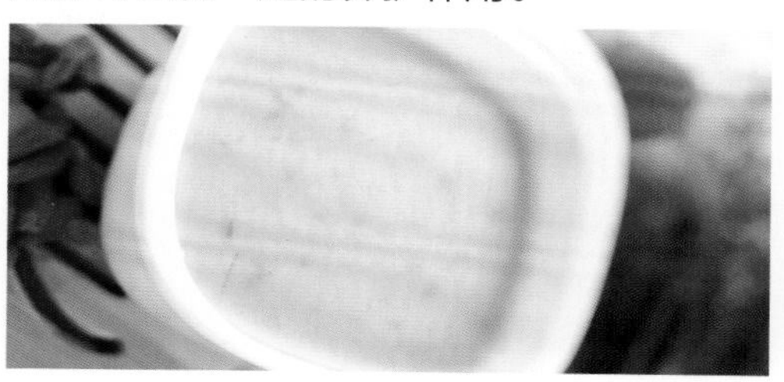

补肝明目+滋阴润肺

猪肝银耳粥

材料

猪肝30克，银耳2朵，鸡蛋1个，大米100克，盐、淀粉各适量。

做法

❶ 大米洗净，用清水浸泡 1 小时；银耳泡发，去蒂撕碎；猪肝洗净，切片，放入碗中，加入适量的盐、淀粉，打入鸡蛋，调匀挂浆。

❷ 注水入锅，大火烧开后下大米和银耳同煮，煮开后，转小火继续慢熬半小时。

❸ 加入带有鸡蛋浆的猪肝，转中火煮至肝熟粥成，倒入碗中，即可食用。

养生功效

此款粥有补肝明目、滋阴润肺之效。高脂血症患者不宜长期食用。

乌发润发

润泽毛发，重点在于保持人体脏腑气血旺盛，经络畅通。内以滋补肝、肾，补血，填精，荣养髭发，外以疏风清热、除垢洁发。

☺食材、药材推荐

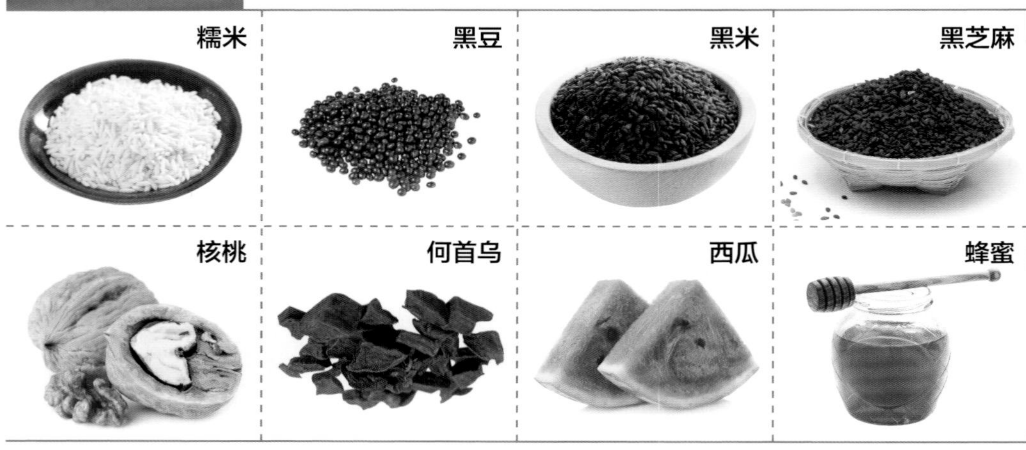

饮食护理

☑ 含碘食物 ☑ 植物蛋白 ☑ 含铁食物 ☑ 维生素 E ☒ 烟酒 ☒ 油腻食物 ☒ 燥热食物

症因解读

影响头发健康亮丽的原因有很多，偏食、节食、营养不良、过度疲劳、贫血、糖尿病、胃肠病以及遗传等都会导致头发出现不良现象。

症状表现

一般表现为青年早白及头发萎黄、干枯、灰白、稀疏、大量脱落、无光泽、油腻，易生大量头皮屑，易分叉、断裂、打结、产生静电等。

护理指南

1. 脱发的人应该多吃蔬菜和水果。含有丰富铁元素的食品，如瘦肉、鸡蛋的蛋白、菠菜、水果等都是较好的养生食物。

2. 头发稀薄的人应多食用嫩海带芽、海带、乳酪、牛奶、新鲜蔬菜等。

3. 洗头后尽量用干毛巾擦干头发，待其自然风干，少用吹风机；若必须使用时，吹风机热口不宜太接近头发，将头发一点一点地拢起，用吹风机吹至半干即可。

食材、药材图典 • 黑豆

【别名】穭豆、乌豆、枝仔豆、黑大豆。

【性味】性平，味甘。

【归经】入脾、肾经。

【功效】活血，利水，祛风，解毒。

【禁忌】不宜多食炒熟后的黑豆，因为多食其易上火，尤其是小儿不宜多食。黑豆也不宜与蓖麻子、厚朴同食。

【挑选】新鲜的黑豆上附着一层白白的霜，掰开内部带点青色的是上等品，白白的是普通品。

亮泽头发+滋养毛囊

黑豆浆

材料

黑豆80克，白糖适量。

做法

❶ 黑豆洗净，用清水浸泡6～8小时。

❷ 将浸泡好的黑豆倒入豆浆机中，加水至上、下水位线之间，按下“豆浆”键。

❸ 待豆浆机提示豆浆做好后，倒出过滤，再加入适量的白糖，即可饮用。

养生功效

此款豆浆具有乌发亮发、强身健体的功效。

润肺生津，补中缓急

补脾利水，解毒乌发

滋养毛囊+乌黑头发

黑芝麻黑米糊

材料

黑芝麻30克，黑米80克，白糖适量。

做法

❶ 黑芝麻用清水洗净，控干；黑米洗净，用清水浸泡 4 小时。

❷ 将以上食材全部倒入豆浆机中，加水至上、下水位线之间，按下“米糊”键。

❸ 待豆浆机提示米糊煮好后，倒入碗中，加入适量的白糖，即可食用。

养生功效

黑芝麻黑米糊含有丰富的维生素 E、亚油酸、芝麻酚等营养元素，经常食用可起到滋养毛囊细胞，使头发乌黑亮泽的作用。

补肝肾，润五脏

清热解毒+除烦润燥

西瓜黑豆米糊

材料

西瓜肉150克，大米70克，黑豆20克，白糖适量。

做法

❶ 大米洗净，用清水浸泡 2 小时；黑豆洗净，用清水浸泡 6 ~ 8 小时；西瓜肉去籽，切丁。

❷ 将以上食材全部倒入豆浆机中，加水至上、下水位线之间，按下“米糊”键。

❸ 米糊煮好后，倒入碗中，加入适量的白糖，即可食用。

养生功效

西瓜黑豆米糊不仅能起到促进毛发生长的作用，还具有清热解毒、除烦润燥、减轻脱发的作用。

清热解暑，生津止渴

提升气血+充盈肾气

糯米芝麻黑豆浆

材料

糯米30克，黑芝麻15克，黑豆50克，白糖适量。

做法

❶ 黑豆洗净，用清水浸泡 6 ~ 8 小时；糯米洗净，用清水浸泡 4 小时；黑芝麻洗净备用。

❷ 将以上食材全部倒入豆浆机中，加水至上、下水位线之间，按下“豆浆”键。

❸ 待豆浆机提示豆浆做好后，倒出过滤，再加入适量的白糖，即可饮用。

养生功效

糯米芝麻黑豆浆可通过提升气血、充盈肾气来滋养毛发，使头发变得乌黑亮丽。

补肝肾，润五脏

强身补肾+延缓衰老

核桃蜂蜜黑豆浆

材料

核桃30克，黑豆50克，黄豆20克，蜂蜜适量。

做法

❶ 黄豆、黑豆分别洗净，用清水浸泡6～8小时；核桃用温水泡开。

❷ 将以上食材全部倒入豆浆机中，加水至上、下水位线之间，按下“豆浆”键。

❸ 待豆浆机提示豆浆做好后，倒出过滤，加入适量的蜂蜜，即可饮用。

养生功效

核桃、黑豆都是补肾和预防衰老的佳品。此款豆浆尤其适合因年老肾衰导致脱发者饮用。

滋补肝肾，补气养血

乌发亮发+补益精血

何首乌黑米粥

材料

何首乌30克，黑芝麻20克，核桃20克，黑米100克，白糖适量。

做法

❶ 黑米洗净，用清水浸泡2小时；黑芝麻用清水洗净，控干；将核桃冲洗干净，压为碎粒；何首乌洗净，加水煎煮，取汁。

❷ 注水入锅，大火烧开后下黑米、黑芝麻、核桃同煮，边煮边适当翻搅。

❸ 待米煮开后，加入何首乌汁转小火继续慢熬至粥成，加入适量的白糖，待白糖溶化后，倒入碗中，即可食用。

养生功效

何首乌性微温，味苦，具有补益精血、润肠通便的功效，自古就是乌发的常用药材，配以黑芝麻、核桃等，乌发效果尤为显著。

消脂塑身

肥胖不仅影响身形美观，同时还隐藏着患心血管疾病、高脂血症、高血压等疾病的风险。但减肥并不代表着盲目节食，而是要合理安排饮食，适当运动。

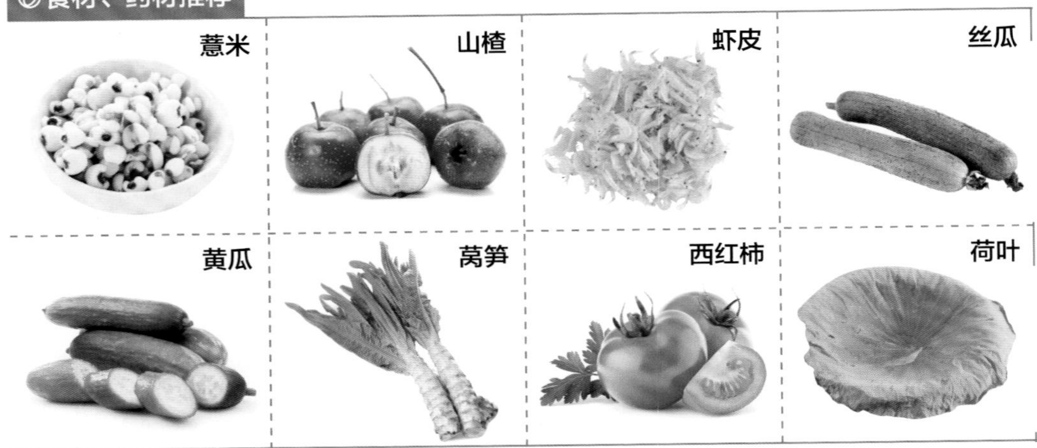

饮食护理

☑ 少盐　☑ 少糖　☑ 低脂　☑ 少加工　☒ 碳酸饮料　☒ 精加工点心　☒ 熏烤食品　☒ 烟酒

症因解读

不管身体的哪一部分堆积了过多的脂肪，都会变成“负担”。营养过度、活动量减少、遗传因素等都会导致脂肪细胞肥大增生，肿瘤、感染、炎症、血管病变等多种病症也会引起脂肪堆积。

症状表现

关节软组织损伤、心理障碍、心脏病、糖尿病、动脉粥样硬化、脂肪肝、胆结石、水肿、痛风等。

护理指南

1. 食物多样、谷物为主。多种食物包括五大类：禾谷类及薯类；动物性食物；豆类及其制品；蔬菜及水果类；纯热能食物。

2. 控制食量，水果和薯类如果吃多了，同样发胖。

3. 经常吃适量的鱼、禽、蛋、瘦肉等，少吃肥肉和荤油。

食材、药材图典 • 西红柿

【别名】六月柿、洋柿子。

【性味】性微寒，味甘、酸。

【归经】入肝、胃、肺经。

【功效】清热止渴，养阴凉血。

【禁忌】服用肝素、双香豆素等抗凝血药物时不宜食用，空腹时不宜食用，未成熟的西红柿和长久加热烹制后不宜食用，服用新斯的明或加兰他敏时禁食。

【挑选】挑选自然成熟的西红柿。蒂部大的果肉饱满，籽少不酸。

减脂塑形+利水除湿

西红柿薏米糊

材料

薏米80克，西红柿1个，白糖适量。

做法

❶ 薏米洗净，用清水浸泡 4 小时；西红柿洗净，入沸水略焯，去皮，切成小块。

❷ 将以上食材全部倒入豆浆机中，加水至上、下水位线之间，按下“米糊”键。

❸ 待豆浆机提示米糊煮好后，倒入碗中，加入适量的白糖，即可食用。

养生功效

西红柿可起到减脂塑形的作用；薏米有利水除湿的作用。二者同打成米糊，特别适合脾虚痰湿型的人群食用。

清热止渴，养阴凉血

清热凉血+保护心血管

丝瓜虾皮米糊

材料

小米80克，丝瓜50克，虾皮15克，料酒、盐各适量。

做法

❶ 小米洗净，用清水浸泡 2 小时；丝瓜洗净，去皮去瓤，切丁；虾皮用温水加几滴料酒泡软，捞出后沥干。

❷ 将以上食材全部倒入豆浆机中，加水至上、下水位线之间，按下“米糊”键。

❸ 待豆浆机提示米糊煮好后，加入适量的盐，即可食用。

养生功效

此款米糊具有清热凉血的功效，同时还可起到保护心血管的作用。

清凉利尿，活血通经

清热解毒+塑形减肥

莴笋黄瓜豆浆

材料

莴笋20克，黄瓜20克，黄豆50克，白糖适量。

做法

❶ 黄豆洗净，用清水浸泡6～8小时；莴笋、黄瓜分别洗净，去皮，切成小块。

❷ 将以上食材全部倒入豆浆机中，加水至上、下水位线之间，按下“豆浆”键。

❸ 待豆浆机提示豆浆做好后，倒出过滤，再加入适量的白糖，即可饮用。

养生功效

此款豆浆中，莴笋和黄瓜都性偏寒、凉，具有良好的清热解毒、塑形减肥的功效。

消脂镇痛，安神益气

清热利尿+健脾升阳

荷叶绿豆豆浆

材料

荷叶5克，绿豆50克，黄豆30克，白糖适量。

做法

❶ 黄豆、绿豆分别洗净，用清水浸泡6～8小时；荷叶用温水泡开。

❷ 将以上食材全部倒入豆浆机中，加水至上、下水位线之间，按下“豆浆”键。

❸ 待豆浆机提示豆浆做好后，倒出过滤，再加入适量的白糖，即可饮用。

养生功效

荷叶有清热利尿、健脾升阳之效，此款豆浆尤其适合水肿型、便秘型肥胖患者饮用。

消暑利湿，健脾升阳

清热解毒+利水消肿

红豆绿豆瘦身粥

材料

红豆30克，绿豆30克，山楂30克，红枣10颗，大米50克，白糖适量。

做法

❶ 红豆、绿豆分别洗净，浸泡 4 小时；大米洗净，浸泡 1 小时；山楂、红枣分别用温水泡开，去核。

❷ 注水入锅，大火烧开后，将所有食材一起下锅同煮，同时适当翻搅。

❸ 待米、豆煮开后，转小火继续慢熬至豆烂粥成，加入适量的白糖调味，待白糖溶化后，倒入碗中，即可食用。

养生功效

红豆、绿豆都具有清热解毒、利水消肿、排毒减肥的功效，山楂可起到促进胃液分泌、加速脂肪分解的作用。

促进新陈代谢

五谷玉米糊

材料

小米30克，黑米30克，薏米30克，大米30克，鲜玉米粒30克，红枣10颗，白糖适量。

做法

❶ 小米、黑米、薏米分别洗净，用清水浸泡 4 小时；大米洗净，用清水浸泡 2 小时；红枣用温水泡开，去核；鲜玉米粒洗净，控干。

❷ 将以上食材全部倒入豆浆机中，加水至上、下水位线之间，按下“米糊”键。

❸ 待豆浆机提示米糊煮好后，倒入碗中，加入适量的白糖，即可食用。

养生功效

鲜玉米中含有大量的天然维生素 E，能够促进新陈代谢。

开胃利胆，通便利尿

丰胸美体

娇美的容颜和完美的身形自古以来就是众多女性的不懈追求。体形的高矮胖瘦很大情况下得自先天，但后天的适当调理也可以起到辅助提升的作用。

☺食材、药材推荐

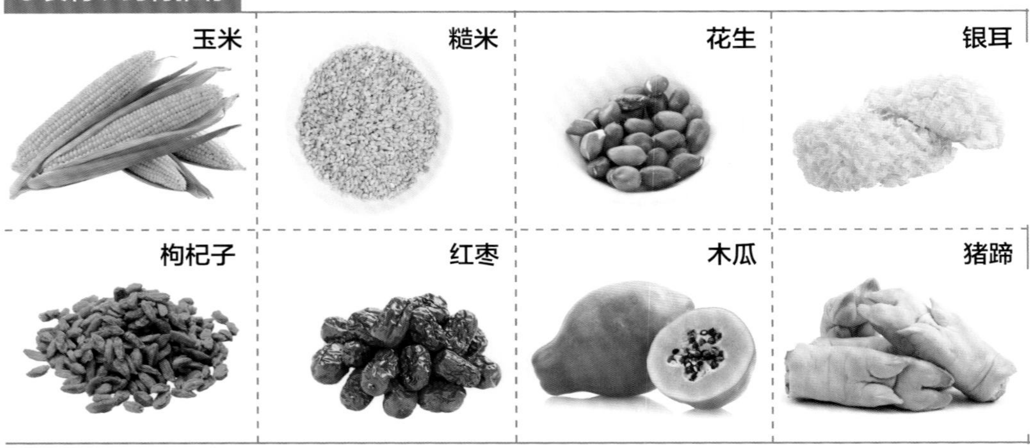

饮食原则

☑ 优质蛋白质 ☑ 不饱和脂肪酸 ☑ 胶原蛋白 ☑ 雌激素 ☒ 咖啡 ☒ 可乐 ☒ 节食过量

症因解读

肾虚、营养不良、饮食作息不规律、内衣穿戴方法不正确、坐姿及睡姿不当、减肥方法不当、先天发育不完全、哺乳、衰老、意外伤害等都是体形不完美的主要原因。

症状表现

一般表现为体形过于肥胖或消瘦、上身下身不对称、乳房下垂明显、乳房不对称、皮肤松弛、月经不调、内分泌紊乱等。

护理指南

1. 预防胸部萎缩，可以吃一些含有维生素 E 以及有利激素分泌的食物，如卷心菜、玉米油等。

2. 保持正确的坐姿。含胸、驼背都会对胸部造成不良的影响。女性的坐姿和站姿尤其重要。为了塑造完美的曲线，女性在坐下时尽量将胸部挺起，不要放松腹部令胸部下垂。

3. 正确穿戴内衣。穿戴尺寸合适的内衣是胸部健康和丰满的第一步。

食材、药材图典 • 木瓜

【别名】万寿果、乳瓜。

【性味】性温，味酸。

【归经】归肝、脾经。

【功效】助消化，消暑解渴，润肺止咳。

【禁忌】不可多食，损齿及骨。下部腰膝无力，精血虚、真阴不足者不宜食用。伤食脾胃未虚、积滞多者，不宜食用。

【挑选】体积稍大、色稍黄，摸起来稍软的为佳。

滋阴丰胸+美容润肤

木瓜银耳糙米粥

材料

木瓜半个，银耳2朵，枸杞子15克，糙米100克，白糖适量。

做法

❶ 糙米洗净，用清水浸泡 2 小时；木瓜去皮洗净，切成小块；银耳用温水泡发，去蒂，撕碎；枸杞子用温水泡开。

❷ 注水入锅，大火烧开，倒入糙米、银耳同煮，同时一边搅拌。

❸ 待米煮开后，转小火继续慢熬半小时，加入木瓜块和枸杞子同煮 10 分钟，再加入适量白糖，待白糖溶化后，倒入碗中，即可食用。

养生功效

木瓜、银耳、枸杞子具有很好的滋阴功效。经常食用此粥，可以起到丰胸的作用。

滋血通乳，抗衰止血

丰胸美体+补虚填精

花生猪蹄粥

材料

花生30克，猪蹄1只，大米100克，葱花、料酒、盐各适量。

做法

❶ 大米洗净，用清水浸泡 1 小时；花生用温水泡开；猪蹄洗净，剁成小块，入沸水焯去血污。

❷ 注水入锅，大火烧开后下猪蹄块、花生，倒入适量的料酒同煮 2 小时。

❸ 2 小时后，加入大米同煮至粥熟，再加入适量的盐，撒上葱花，出锅即可。

养生功效

花生富含优质的油脂；猪蹄性平，味甘、咸，具有补虚弱、填肾精、健腰膝等功效。

第四章

米糊豆浆 杂粮粥 四季调养

随着一年四季的气候变化，身体的生理状况也会发生变化。中医认为，人体要适应自然四季变化的规律，保持机体与自然的平衡，才能在一年四季中保持健康。因此，养生之道应顺应四时，随“季”应变，遵循春夏养阳、秋冬养阴、春生夏长、秋收冬藏的规则，进行饮食方面的进补。

春季·清补升阳

中医认为春季阳气渐生，适宜食用一些时令新生的清补温阳的食物。同时也要注意因冬季的长期进补，会导致身体积滞较重。

☺食材、药材推荐

饮食原则

☑ 性味甘甜的食物 ☑ 维生素 C ☑ 维生素 A ☑ 性味偏酸的食物 ☒ 油腻食物 ☒ 生冷食物

症因解读

春天五行属木，而人体的五脏之中肝也是木性，因而春气通肝。在春天，肝气旺盛而升发，人的精神焕发。如果肝气升发太过或是肝气郁结，都易损伤肝脏，到夏季就会发生寒性病变。

症状表现

肝阳旺盛，易导致高血压、眩晕、肝炎等疾病，使人的精神情绪随之高昂亢进，表现为激愤、骚动、暴怒、吵闹等。

护理指南

1. 宜温补忌清补，宜食性属温热的食物和温阳散寒的食物，以及热量较高且富有营养的食物；忌吃生冷之物，忌食各种冷饮以及生冷瓜果。

2. 莫忘“春捂”。过早地顿减衣物，一旦寒气袭来，会使血管痉挛，血流阻力增大，影响机体功能，造成各种疾病，所以要保持“春捂”的习惯，衣服宜渐减，衣着宜“下厚上薄”，体质虚弱者要注意背部保暖。

食材、药材图典 • 高粱

【别名】蜀黍、木稷、荻粱、乌禾、芦檫。

【性味】性温，味甘、涩。

【归经】入脾、胃、肝经。

【功效】温中，利气，止泻，涩肠胃，止霍乱。

【禁忌】大便燥结者应少食或不食高粱。

【挑选】优质高粱颗粒整齐，有光泽，干燥无虫，无沙粒，碎米极少，闻之有清香味。

健康小贴士

护阳按摩疗法

端坐，提缩肛门数十次，双掌贴于肾俞穴，中指正对命门穴，做环形摩擦 120 次。

调和脾胃+消除积食

高粱米糊

材料

高粱50克，大米50克，白糖或盐适量。

做法

❶ 高粱洗净，用清水浸泡 8 ~ 10 小时；大米洗净，用清水浸泡 2 小时。

❷ 将浸泡好的高粱和大米全部倒入豆浆机中，加水至上、下水位线之间，按下“米糊”键。

❸ 待豆浆机提示米糊煮好后，倒入碗中，加入适量的白糖或盐，搅拌均匀，冷却后，即可食用。

养生功效

高粱米性温，味甘，具有调和脾胃、消除积食、止泻涩肠的作用，对预防春季消化不良有良好的效果。

和胃健脾，固涩肠胃

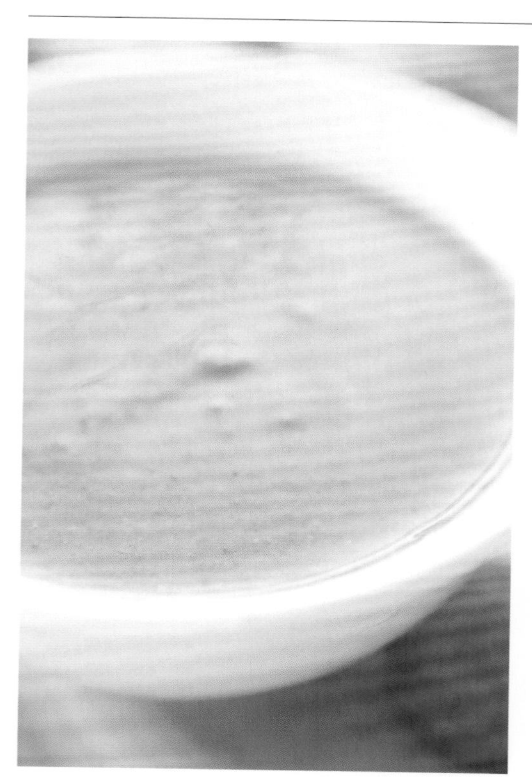

清肝火+缓解头痛

百合菜心米糊

材料

大米80克，白菜心30克，干百合30克，胡萝卜20克，蜂蜜适量。

做法

❶ 大米洗净，用清水浸泡 2 小时；干百合用温水泡发；白菜心洗净，切碎；胡萝卜洗净，切丁。

❷ 将以上食材全部倒入豆浆机中，加水至上、下水位线之间，按下“米糊”键。

❸ 待豆浆机提示米糊煮好后，倒入碗中，加入适量的蜂蜜，即可食用。

养生功效

此款米糊在早春食用，可起到清肝火的作用，同时也可预防因肝火旺引起的头痛。

养肝利水，清热去火

提升阳气+增强体质

韭菜虾仁粥

材料

韭菜50克，虾仁50克，大米100克，鸡汤300毫升，盐适量。

做法

❶ 大米洗净，用清水浸泡1小时；韭菜洗净，切成小段；虾仁去虾线，洗净，过沸水。

❷ 注水入锅，大火烧开，下大米煮至滚沸后，加入鸡汤转小火慢熬30分钟。

❸ 30分钟后，加入虾仁，同煮片刻，倒入韭菜段继续煮10分钟，待所有食材都熟后，加入适量的盐，即可出锅。

养生功效

春季食用韭菜有助于提升阳气。

补气补血+行水减肥

西芹红枣豆浆

材料

西芹30克，红枣10颗，黄豆50克，白糖适量。

做法

❶ 黄豆洗净，用清水浸泡6～8小时；红枣用温水泡开，去核；西芹洗净，切碎。

❷ 将以上食材全部倒入豆浆机中，加水至上、下水位线之间，按下“豆浆”键。

❸ 待豆浆机提示豆浆做好后，倒出过滤，再加入适量的白糖，即可饮用。

养生功效

西芹具有行水、减肥的功效；红枣是补气补血佳品。本品可起到提升气血、润燥利水的作用。

补维生素+补蛋白质

小麦胚芽大米豆浆

材料

小麦胚芽30克，大米30克，黄豆50克，白糖适量。

做法

❶ 黄豆洗净，用清水浸泡6～8小时；大米洗净，用清水浸泡2小时；小麦胚芽洗净，控干。

❷ 将以上食材全部倒入豆浆机中，加水至上、下水位线之间，按下“豆浆”键。

❸ 待豆浆机提示豆浆做好后，倒出过滤，再加入适量的白糖，即可饮用。

养生功效

小麦胚芽含有丰富的维生素E、蛋白质等营养元素。

夏季·清热消暑

夏季是人体代谢最旺盛的时期，水分和维生素等营养物质流失较快，所以这个季节应多吃一些富含维生素及微量元素的食物。

☺推荐食物

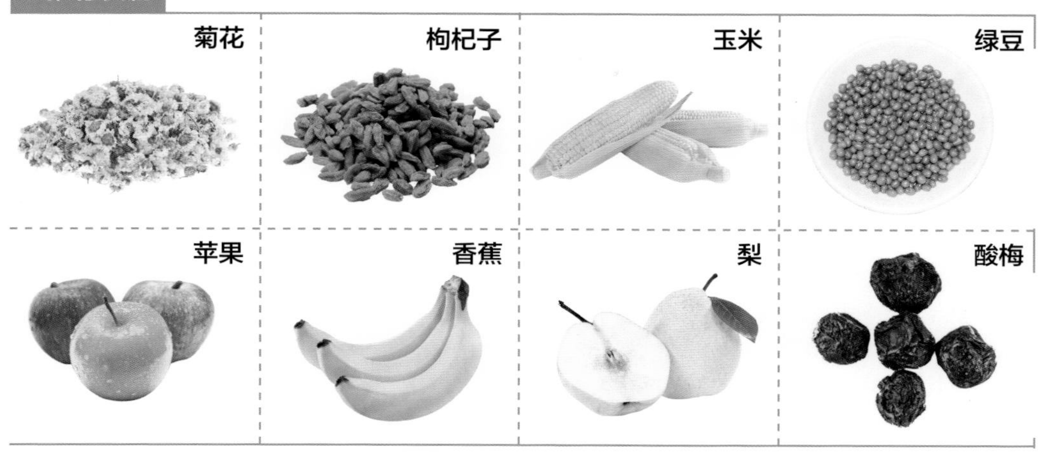

饮食原则

☑ 清凉汤水　☑ 红色食物　☑ 苦味食物　☑ 新鲜瓜果　☒ 辛辣　☒ 煎炸食物　☒ 生冷食物

症因解读

湿邪、脾胃功能低下、高温、暑热邪盛、心火较旺、肾水虚衰等都会引起体温调节功能紊乱，尤其是在烈日或高温环境下工作的体力劳动者、产妇、老年人、体弱或慢性病患者易诱发病症。

症状表现

一般表现为面色潮红、大量出汗、脉搏快速、头昏、头痛、口渴、全身疲乏、心悸、注意力不集中、动作不协调等。

护理指南

1. 适当食用苦味食物。苦味食物中所含的生物碱具有消暑清热、促进血液循环、舒张血管等作用。

2. 补充盐分和维生素。高温季节最好每人每天补充硫胺素、核黄素各 2 毫克，钙 1 克，维生素 C 大约 50 毫克，这样可减少体内糖类和蛋白质的消耗，有益于健康。

3. 不可过食冷饮和饮料。气候炎热时适当喝一些冷饮，能起到一定的祛暑降温作用。

食材、药材图典•酸梅

【别名】黄仔、合汉梅、干枝梅、乌梅。

【性味】性平，味甘、酸。

【归经】归肝、脾、肺、大肠经。

【功效】下气，安心，止咳，止痛，止伤寒烦热，止泻，消肿解毒。

【禁忌】感冒发热、咳嗽多痰者忌食；菌痢、肠炎的初期忌食。妇女经期及怀孕产前产后忌食。

【挑选】以个大、肉厚、柔润、味酸者为佳。

补矿物质+恢复体力

海带杏仁玫瑰粥

材料

海带20克，绿豆50克，杏仁10克，大米50克，玫瑰花5克，红糖适量。

做法

❶ 大米、绿豆分别洗净，大米用清水浸泡 1 小时，绿豆用清水浸泡 4 小时；杏仁用温水泡开，去衣，切碎；海带洗净，切丝；玫瑰花用温水泡开。

❷ 注水入锅，大火烧开后，下绿豆煮至六成熟，加入大米同煮。

❸ 待米、豆再次煮开后，加入海带丝、杏仁碎、玫瑰花，转小火慢熬至粥熟，加入适量的红糖，待红糖溶化后，倒入碗中，即可食用。

养生功效

夏季人体出汗多，盐分损耗量大，海带杏仁玫瑰粥既可补充矿物质，又能起到恢复体力的作用。

生津止渴，健脾益胃

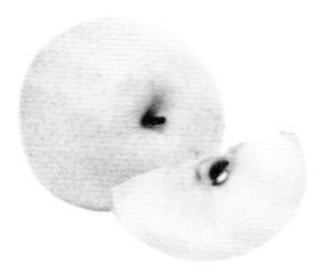

滋阴润肺，化痰止咳

养阴润燥+清热除烦

苹果梨香蕉米糊

材料

大米80克，苹果半个，梨半个，香蕉1根，白糖适量。

做法

❶ 大米洗净，用清水浸泡 2 小时；苹果、梨分别洗净，去皮去核，切成小块；香蕉洗净剥皮，切成小块。

❷ 将以上食材全部倒入豆浆机中，加水至上、下水位线之间，按下“米糊”键。

❸ 待豆浆机提示米糊煮好后，倒入碗中，加入适量的白糖，即可食用。

养生功效

此款米糊含有大量的维生素，具有养阴润燥、清热除烦、通便化痰的功效。

缓解疲惫+润燥除烦

酸梅米糊

材料

大米100克，酸梅干15粒，白糖适量。

做法

① 大米洗净，用清水浸泡2小时；酸梅干用温水泡开。

② 将以上食材全部倒入豆浆机中，加水至上、下水位线之间，按下“米糊”键。

③ 待豆浆机提示米糊煮好后，倒入碗中，加入适量的白糖，即可食用。

养生功效

此款米糊可缓解因夏季天热而产生的身体疲惫、眼干舌燥等问题，但需要注意的是，胃酸分泌过多者应慎食。

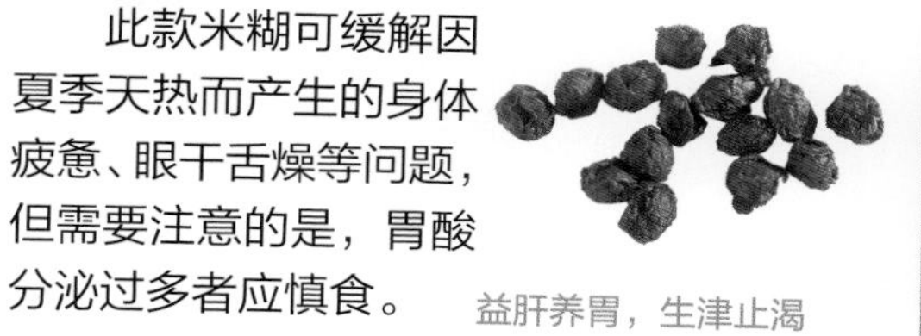

益肝养胃，生津止渴

清热去火+提神醒脑

绿茶米香豆浆

材料

绿茶10克，大米40克，黄豆50克，白糖适量。

做法

① 黄豆洗净，用清水浸泡6～8小时；大米洗净，用清水浸泡2小时；绿茶用温水泡开。

② 将以上食材全部倒入豆浆机中，加水至上、下水位线之间，按下“豆浆”键。

③ 待豆浆机提示豆浆做好后，倒出过滤，加入适量的白糖，即可饮用。

养生功效

绿茶具有清热去火、提神醒脑、缓解疲劳的功效，尤其适宜夏季饮用。

美容养颜，防辐射

宽中下气，补脾益气

抗氧化+预防衰老

玉米枸杞米糊

材料

鲜玉米粒80克，大米30克，枸杞子10克，白糖适量。

做法

❶ 鲜玉米粒洗净，控干；大米洗净，用清水浸泡 2 小时；枸杞子用温水泡开。

❷ 将以上食材全部倒入豆浆机中，加水至上、下水位线之间，按下“米糊”键。

❸ 待豆浆机提示米糊煮好后，倒入碗中，加适量的白糖，即可食用。

养生功效

此款米糊不仅有助于夏季清热去火，还可起到明目、延缓衰老的作用。

清暑益气+止渴利尿

菊花绿豆浆

材料

菊花10克，绿豆30克，黄豆50克，白糖适量。

做法

❶ 黄豆、绿豆洗净，用清水浸泡6～8小时；菊花用温水泡开。

❷ 将以上食材全部倒入豆浆机中，加水至上、下水位线之间，按下“豆浆”键。

❸ 待豆浆机提示豆浆做好后，倒出过滤，再加入适量的白糖，即可饮用。

养生功效

绿豆具有清暑益气、止渴利尿的作用；菊花具有清热解毒的功效。此款豆浆尤其适宜夏季上火者食用。

缓解水肿+祛除湿气

绿豆薏米粥

材料

绿豆50克，大米100克，薏米30克，白糖适量。

做法

❶ 绿豆、大米、薏米分别洗净，绿豆、薏米用清水浸泡 4 小时，大米用清水浸泡 1 小时。

❷ 注水入锅，大火烧开后下绿豆、薏米同煮至滚沸后，转小火继续煮至六成熟。

❸ 加入大米，转大火煮至再次滚沸，转小火熬煮至豆烂米熟，加入适量的白糖，待白糖溶化后，倒入碗中，即可食用。

养生功效

本品可起到祛除体内湿气的作用。

秋季·生津润燥

秋天天气较为干燥，是肺病多发时节，此时应以滋阴润肺为主，适量多吃一些养肺润肺的食物。

☺食材、药材推荐

西红柿	花菜	南瓜	百合
红豆	红枣	花生	黑芝麻

饮食原则

☑ 性偏凉食物　☑ 味甘酸食物　☑ 养阴食物　☑ 白色食物　☒ 辛燥食物　☒ 油腻食物

症因解读

气候偏于干燥、肺气阴亏虚、肺不主气、受风着凉、脾胃失调、饮食不当等都会引起秋季一些常见病症发作。

症状表现

口干咽燥、干咳少痰、皮肤干燥、便秘、声音低怯、倦怠懒言、面色少华、极易感冒、恶风形寒、咳而无力、痰多清稀、舌淡苔白、脉虚弱等症状，重者还会咳中带血、潮热盗汗等。

护理指南

1. 忌生冷食物。生冷的食物对脾阳和肺阳具有不良作用，会加重咳嗽、心悸、气喘等病情。

2. 忌烟酒，尽量多饮水。慎吃辛辣刺激性食品，以避免引起过度的咳嗽。乳制品和甜食应该少吃，以减少肺的黏液分泌。

3. 进食高蛋白且易于消化的食物。可适当多吃水果，以增加水分和维生素的摄入。

4. 调节睡眠。确保室内空气流通，减少呼吸疾患。

食材、药材图典•南瓜

【别名】番瓜、倭瓜、金冬瓜、金瓜、饭瓜。

【性味】性温，味甘。

【归经】入脾、胃经。

【功效】补中益气，化痰排脓。

【挑选】选外观完整，果肉呈金黄色，分量比较重，没有损伤、虫蛀的。

健康小贴士

肺病穴位按摩疗法

两手拇指外侧相互摩擦起热，用拇指外侧沿鼻梁、鼻翼两侧上下按摩约60次，再按鼻翼两侧迎香穴20次，早晚各做1～2组。

滋阴润肺+润肤丰胸

木瓜银耳豆浆

材料

木瓜1/2个，银耳2朵，黄豆80克，白糖适量。

做法

❶ 黄豆洗净后，用清水浸泡6～8小时；银耳用温水泡开，撕碎；木瓜洗净，去皮、去籽，切成小块。

❷ 将以上食材全部倒入豆浆机中，加水至上、下水位线之间，按下“豆浆”键。

❸ 待豆浆机提示豆浆做好后，倒出过滤，再加入适量的白糖，即可饮用。

养生功效

木瓜银耳豆浆具有滋阴润肺、润肤丰胸的功效，适宜女性饮用。

消暑解渴，润肺止咳

行气补血+清补脾胃

百合南瓜粥

材料

南瓜1/2个，大米80克，冰糖、百合各适量。

做法

❶ 大米洗净，用清水浸泡1小时；百合用温水泡开；南瓜去皮、去瓤，切块。

❷ 注水入锅，大火烧开，倒入大米、南瓜块、百合一同煮至滚沸。

❸ 转小火继续慢慢熬煮至粥黏稠，加入适量的冰糖调味，待冰糖溶化后，倒入碗中，稍凉后即可食用。

养生功效

本品特别适宜肺燥咳喘者，秋季多咳者可视自身情况适当多服食。

补中益气，化痰排脓

养心安神，润肺止咳

润肺止咳+滋阴润燥

红豆红枣豆浆

材料

红豆30克，红枣10颗，黄豆50克，白糖适量。

做法

❶ 黄豆、红豆洗净，用清水浸泡6～8小时；红枣用温水泡开，去核。

❷ 将以上食材全部倒入豆浆机中，加水至上、下水位线之间，按下“豆浆”键。

❸ 待豆浆机提示豆浆做好后，倒出过滤，再加入适量的白糖，即可饮用。

养生功效

此款豆浆具有润燥、行气补血、清补脾胃的功效。

滋阴润燥+清补脾胃

西红柿花菜米糊

材料

大米80克，花菜50克，西红柿1～2个，白糖适量。

做法

❶ 大米洗净，用清水浸泡 2 小时；花菜洗净，切成小块；西红柿洗净，入沸水略烫，去皮，切成小块。

❷ 将以上食材全部倒入豆浆机中，加水至上、下水位线之间 ，按下“米糊”键。

❸ 待豆浆机提示米糊煮好后，倒入碗中，加入适量的白糖，即可食用。

养生功效

此款米糊不仅具有滋阴润燥的功效，还可起到清补脾胃的作用。

行血补气+养阴去燥

花生芝麻糊

材料

花生80克，黑芝麻30克，糯米30克，白糖适量。

做法

❶ 花生、黑芝麻分别洗净；糯米洗净，用清水浸泡 4 小时。

❷ 将以上食材全部倒入豆浆机中，加水至上、下水位线之间，按下“米糊”键。

❸ 待豆浆机提示米糊煮好后，倒入碗中，加入适量的白糖，即可食用。

养生功效

此款芝麻糊具有行血补气、养阴去燥、乌发养颜、延缓衰老的功效。

冬季·温补祛寒

冬季是一年中最宜进补的季节，其中又以补肾为重点。适当的温补肾阳有助于增强机体免疫力，防止寒气侵袭。

☺食材、药材推荐

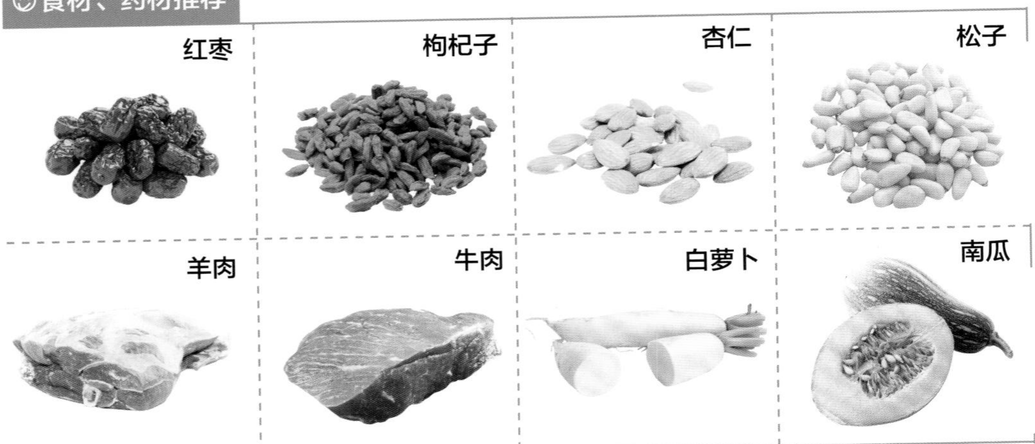

饮食原则

☑ 黑色食物 ☑ 性温食物 ☑ 动物肾脏 ☑ 辛味食物 ☒ 生冷食物 ☒ 高盐 ☒ 过热饮料 ☒ 过辣食物

症因解读

气温太低、缺乏锻炼、晨练不当、饮食不规律、邪风侵体、肾阳不足、缺乏营养、身体虚弱等都易导致冬季疾病侵袭，尤其是老年人、婴幼儿易患感冒等症。

症状表现

一般表现为恶寒、发热、无汗、头痛、身痛、苔白、气短、唇青、腹胀便溏、腰脊冷痛、小便频数、男子阳痿、女子带下清稀等。

护理指南

1. 多吃温热性的食物，如姜、白葱、豆豉等。

2. 补充铁元素。多吃含铁量高的食物，如动物肝脏、瘦肉、菠菜、蛋黄等。

3. 忌食生冷寒凉的食物，如各种冰制饮料，寒凉性质的瓜果，如西瓜、梨、香蕉、猕猴桃等。这时也尽量少吃梨煮冰糖或梨加蜂蜜。

4. 忌食酸、涩味的食物，如食醋、酸白菜、泡菜，以及山楂、乌梅、酸柑橘等。

食材、药材图典 • 杏仁

【别名】杏核仁、杏子、木落子、苦杏仁。

【性味】性微温，味苦，有小毒。

【归经】入肺、大肠经。

【功效】止咳平喘，苦温宣肺，润肠通便。

【禁忌】阴亏、郁火者不宜单味药长期内服。有小毒，用量不宜过大，婴幼儿慎用。

【挑选】选外形短而胖、小而鼓、均匀、饱满、有光泽的，形状多为鸡心形、扁圆形，颗粒较大。

温阳散寒+补脾益气

牛肉南瓜米糊

材料

大米60克，南瓜60克，牛肉30克，生姜1块，盐适量。

做法

❶ 大米洗净，用清水浸泡 2 小时；南瓜去皮、去瓤，洗净，切成小块；牛肉洗净，切成黄豆大小；生姜洗净，切丝。

❷ 将以上食材全部倒入豆浆机中，加水至上、下水位线之间，按下“米糊”键。

❸ 待豆浆机提示米糊煮好后，倒入碗中，加入适量的盐，即可食用。

养生功效

牛肉有补脾胃、益气血、强筋骨、温阳散寒之效。此款米糊特意加入了生姜，对冬日驱寒很有帮助。

补中益气，滋养脾胃

补中益气+调和五脏

糙米核桃花生豆浆

材料

糙米30克，核桃10克，花生15克，黄豆50克，白糖适量。

做法

❶ 黄豆洗净，用清水浸泡 6 ~ 8 小时；糙米洗净，用清水浸泡 4 小时；核桃、花生用温水泡开。

❷ 将以上食材全部倒入豆浆机中，加水至上、下水位线之间，按下“豆浆”键。

❸ 待豆浆机提示豆浆做好后，倒出过滤，再加入适量的白糖，即可饮用。

养生功效

此款豆浆营养丰富，具有补中益气、调和五脏的功效，非常适宜冬季饮用。

疏风清热，明目解毒

补蛋白质+补充油脂

杏仁松子豆浆

材料

杏仁20克，松子20克，黄豆50克，白糖适量。

做法

❶ 黄豆洗净，用清水浸泡6～8小时；松子洗净，控干；杏仁用温水泡开。

❷ 将以上食材全部倒入豆浆机中，加水至上、下水位线之间，按下“豆浆”键。

❸ 待豆浆机提示豆浆做好后，倒出过滤，再加入适量的白糖，即可饮用。

养生功效

冬季进补，可以适当食用一些坚果。此款豆浆含有大量蛋白质、油脂等营养元素，尤其适宜冬季饮用。

养阴熄风，润肺滑肠

温补肾阳+开胃健力

羊肉萝卜粥

补体虚，祛寒冷

材料

白萝卜100克，羊肉500克，大米150克，高汤、葱花、盐、生姜末各适量。

做法

❶ 大米洗净，用清水浸泡1小时；羊肉洗净，切成薄片；白萝卜去皮，洗净，切成小块。

❷ 将高汤倒入锅中，大火烧开，倒入大米，煮沸后，加入白萝卜块同煮。

❸ 待粥再次煮开时，转小火慢熬成稀粥，倒入羊肉片煮熟后，加入适量的盐、葱花、生姜末调味，即可出锅。

养生功效

羊肉具有补体虚、祛寒冷、益肾气、补形衰、温补气血、开胃健力的功效。此款粥具有温补肾阳的功效，但易上火者则需少食。

滋阴润燥+和胃健脾

黑豆糯米粥

材料

黑豆60克，糯米60克，白糖适量。

做法

❶ 黑豆、糯米分别洗净，黑豆用清水浸泡 6 小时，糯米用清水浸泡 4 小时。

❷ 注水入锅，大火烧开后，倒入黑豆、糯米同煮，同时注意搅拌。

❸ 待黑豆、糯米煮至滚沸，转小火继续慢熬至豆烂粥稠，加入适量的白糖调味，待白糖溶化，倒入碗中，即可食用。

养生功效

本款粥品具有滋阴润燥、和胃健脾的功效，比较适合易上火的人群食用。

滋补肝肾+活血化瘀

红枣枸杞姜米糊

材料

糯米80克，红枣30克，枸杞子20克，生姜1块，红糖适量。

做法

❶ 糯米洗净，用清水浸泡 4 小时；红枣、枸杞子用温水泡发；红枣去核；生姜洗净，切丝。

❷ 将以上食材全部倒入豆浆机中，加水至上、下水位线之间，按下“米糊”键。

❸ 待豆浆机提示米糊煮好后，倒入碗中，加入适量的红糖，即可食用。

养生功效

此款米糊中，糯米、红糖都具有温暖身体的作用，红枣、枸杞子、生姜还具有活血化瘀的功效。

驱寒暖胃+预防感冒

姜汁黑豆浆

材料

姜1块，黑豆80克，红糖适量。

做法

❶ 黑豆洗净，用清水浸泡 6 ~ 8 小时；姜洗净，去皮，切成小片。

❷ 将以上食材全部倒入豆浆机中，加水至上、下水位线之间，按下“豆浆”键。

❸ 待豆浆机提示豆浆做好后，倒出过滤，加入适量的红糖，即可饮用。

养生功效

姜具有发散风寒、化痰止咳的功效；黑豆具有补脾利水、解毒乌发的功效。此款黑豆浆具有驱寒暖胃及预防风寒感冒的作用，效果非常显著。

第五章

米糊豆浆 杂粮粥 因人补益

人从出生到衰老，要经过婴幼儿、青少年、中年及老年等时期，不同时期又各有其特点；人所从事的工作，有职业、职务的不同，各有其特点；另外，人还有胖瘦之分、体质差异、性别不同，因此在进补时应区别各种情况，有针对性地进行养生膳食的制作，也称为“因人制宜”。

幼儿

婴儿主要指小于1周岁的儿童，幼儿的年龄则在1～3岁。婴儿6个月后就可以开始添加辅食，添加时应根据牙齿及消化道的发育情况逐渐从汤、果汁过渡到果泥、米糊、肉泥等。

☺食材、药材推荐

蛋黄	豌豆	大米	黑芝麻
糙米	小米	燕麦	山药

饮食原则

☑ 钙　☑ 铁　☑ 锌　☑ 易消化食物　☒ 生冷食物　☒ 坚硬食物　☒ 高盐　☒ 多油

症因解读

幼儿身体发育还不够健全，身体机能、神经发育不够完善，对外界的反应应急能力比较差，不能耐受风寒和天气的剧变。

症状表现

幼儿易患流感、肺炎、哮喘、麻疹、流脑、百日咳等病，可能会伴随着哭闹、食量减少、咳嗽及流涕等生病迹象，建议家长尽快带幼儿到医院进行全面检查。

护理指南

1. 食用熟食。生瓜果、生菜中可能附有虫卵，是幼儿患肠虫症、胆道蛔虫症的主要原因。

2. 不要过多地食用冷饮。冷饮是幼儿喜欢的食品，但过多摄入冷饮会引起小儿胃肠道疾病，也会伤害牙齿发育。

3. 应该为幼儿多提供营养丰富、均衡的饮食，尤其是蛋白质高的食物；同时，补充微量元素，多吃维生素A含量丰富的食物。

食材、药材图典 • 豌豆

【别名】寒豆、麦豆、雪豆、毕豆、麻累、国豆、麦豌豆、蚕豆。

【性味】性平，味甘。

【归经】入脾、胃经。

【功效】止泻痢，调营卫，利小便，消痈肿，解乳石毒，益中气。

【禁忌】多食豌豆会发生腹胀，故不宜长期大量食用。

【挑选】选籽粒饱满、色泽佳、无虫蛀的良品，选购带豆荚的豌豆时，应看能不能把豆荚捏得沙沙作响，有响就证明足够新鲜。

益肝和胃+促进发育

芝麻燕麦豆浆

材料

黑芝麻20克，生燕麦片40克，黄豆40克，白糖适量。

做法

❶ 黄豆洗净，用清水浸泡6～8小时；生燕麦片、黑芝麻分别洗净。

❷ 将以上食材全部倒入豆浆机中，加水至上、下水位线之间，按下“豆浆”键。

❸ 待豆浆机提示豆浆做好后，倒出过滤，加入适量的白糖，即可饮用。

养生功效

燕麦性平，味甘，具有益肝和胃之功效。此款豆浆可起到促进宝宝发育的作用，但需要注意的是，一次不宜过多饮用，易产生胀气现象。

益肝和胃，养颜护肤

补蛋白质+补维生素

蛋黄豌豆米糊

材料

大米70克，豌豆20克，鸡蛋黄半个，盐适量。

做法

❶ 大米洗净，用清水浸泡2小时；豌豆洗净，入沸水焯1～2分钟，捞出控干；鸡蛋黄捣烂。

❷ 将以上食材全部倒入豆浆机中，加水至上、下水位线之间，按下“米糊”键。

❸ 待豆浆机提示米糊煮好后，倒入碗中，加入适量的盐，即可食用。

养生功效

此米糊含有丰富的蛋白质、维生素C等营养元素，尤其适宜6个月以上开始长乳牙的婴儿食用。

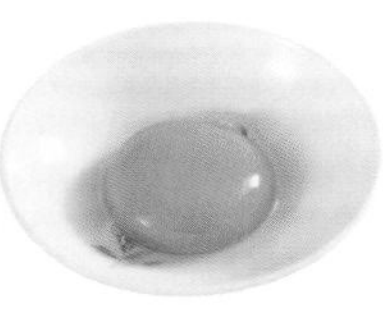
护肤明目，补充营养

养胃开胃+辅助消化

小米山药粥

材料

小米70克，山药50克，白糖适量。

做法

① 小米洗净，用清水浸泡1小时；山药去皮，洗净，切成小块。

② 注水入锅，大火烧开后，倒入小米和山药块同煮，边煮边搅拌。

③ 煮开后，转小火继续慢熬至粥黏稠，加入适量的白糖，待白糖溶化后，将粥倒入碗中，即可食用。

养生功效

小米山药粥可缓解小儿脾胃虚弱、消化不良、不思饮食、腹胀腹泻等症，适宜空腹食用。

健脾胃，益肺肾

生津养胃+补肝益肾

大米黑芝麻糊

材料

大米80克，黑芝麻20克，白糖适量。

做法

① 大米洗净，用清水浸泡2小时；黑芝麻洗净后，控干。

② 将以上食材全部倒入豆浆机中，加水至上、下水位线之间，按下“米糊”键。

③ 待豆浆机提示米糊煮好后，倒出米糊，可按照个人喜好加入适量的白糖。

养生功效

大米具有生津养胃的功效；黑芝麻可以补肝肾、益精血。经常食用此芝麻糊可促进脑细胞发育。

补肝肾，润五脏

补中益气，健脾养胃

生津止渴+补中益气

大米米糊

材料

大米100克，白糖适量，盐适量。

做法

❶ 大米淘洗净，用清水浸泡 2 小时。

❷ 将浸泡好的大米倒入豆浆机中，加水至上、下水位线之间，按下“米糊”键。

❸ 待豆浆机提示米糊煮好后，倒出米糊，可按照个人喜好调味。

养生功效

大米性平，味甘，具有生津止渴、补中益气、调和五脏、通血脉的功效，适宜幼儿及年长者食用。

补中益气，健脾养胃

润肺生津，补中缓急

健脾养胃+补中益气

小麦胚芽糙米糊

材料

糙米80克，小麦胚芽20克，盐适量。

做法

❶ 糙米洗净，用清水浸泡 4 小时；小麦胚芽洗净，用清水浸泡 2 小时。

❷ 将以上食材全部倒入豆浆机中，加水至上、下水位线之间，按下“米糊”键。

❸ 待豆浆机提示米糊煮好后，倒入碗中，加入适量的盐，即可食用。

养生功效

糙米属于粗加工谷物，中医认为糙米性温，味甘，具有健脾养胃、补中益气、调和五脏、镇静神经、促进消化吸收的功效。糙米和小麦胚芽一起制成米糊食用，可以起到预防糖尿病及多种慢性并发症的作用。

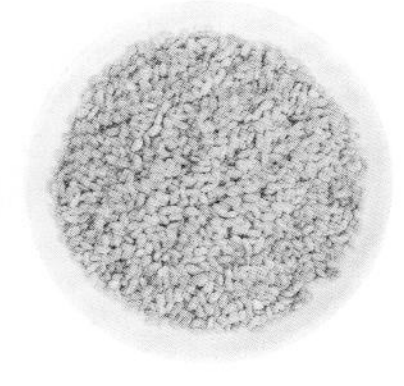

补中益气，调和五脏

青少年

青少年是儿童转变为成人的过渡时期，青少年分为14~17岁和18~25岁两个阶段，14~17岁为中学时期，18~25岁为大学时期。

☺食材、药材推荐

花生　核桃　荞麦　红枣

香菇　南瓜　草莓　牛奶

饮食原则

☑ 清淡饮食　☑ 营养早餐　☑ 优质蛋白质　☑ 高膳食纤维　☒ 节食　☒ 速食　☒ 甜食　☒ 咖啡　☒ 烟酒

症因解读

青少年对环境的适应能力以及对某些致病微生物的免疫能力较差，容易患某些常见病和传染病，如龋齿、病毒性肝炎等，还易出现近视、脊柱异常弯曲等问题。

症状表现

近视的症状表现是视网膜上的成像模糊不清。肝炎一般发病缓慢，表现为厌食、腹部不适、恶心、呕吐，有时还有关节疼和皮疹等症状。

护理指南

1. 宜选用加工较为粗糙、保留大部分B族维生素或强化B族维生素的五谷类。

2. 补充蛋白质，以满足青少年迅速生长发育的需要。

3. 多吃新鲜水果及蔬菜，尤其是绿叶蔬菜，以补充各种维生素。

4. 少吃含糖和高脂肪食物，如糖果、油炸烧烤食物。

食材、药材图典 • 草莓

【别名】凤梨草莓、红莓、洋莓、地莓、地桃、士多啤梨。

【性味】性凉，味甘、酸。

【归经】归肺、脾经。

【功效】清暑解热，生津止渴。

【禁忌】草莓作为夏季浆果，诸无所忌。

【挑选】选全果鲜红均匀、色泽鲜亮、有光泽的。

健康小贴士

眼保健操

双手拇指按左右眉头下面的上眶角处，其余四指散开弯曲如弓状，支在前额上，按揉面不用太大，每次操作5分钟即可。

健脑强身+补充营养

花生核桃奶糊

材料

大米50克，花生20克，核桃20克，牛奶200毫升，白糖适量。

做法

❶ 大米洗净，用清水浸泡 2 小时；花生、核桃用温水泡开。

❷ 将以上食材和牛奶全部倒入豆浆机中，加水至上、下水位线之间，之后按下“米糊”键。

❸ 待豆浆机提示米糊煮好后，倒入碗中，加入适量的白糖，即可食用。

养生功效

花生、核桃、牛奶都具有健脑强身、补充营养的功效。此款米糊非常适宜正在成长的儿童或用脑量大的青少年食用。

促进发育，提升智力

补肾健脾+益智安神

香菇荞麦粥

材料

香菇2朵，荞麦50克，红米80克，葱花、香油、盐各适量。

做法

❶ 荞麦、红米分别洗净，用清水浸泡 4 小时；香菇泡发，去蒂，切片。

❷ 注水入锅，大火烧开，倒入荞麦、红米、香菇片同煮，边煮边搅拌。

❸ 待米煮开后，转小火慢熬至粥稠，加入适量的葱花、香油、盐调味，继续熬煮 5 分钟，盛出，即可食用。

养生功效

此款粥中，香菇具有补肝肾、健脾胃、益智安神的功效，荞麦则具有促进青少年骨骼发育的作用。

促进发育，提高免疫力

改善贫血+增强体质

南瓜牛奶豆浆

材料

南瓜40克，黄豆40克，牛奶200毫升，白糖适量。

做法

①黄豆洗净，用清水浸泡6～8小时；南瓜洗净，去皮、瓤，切成小块。

②将以上食材加上牛奶一起倒入豆浆机中，加水至上、下水位线之间，按下“豆浆”键。

③待豆浆机提示豆浆做好后，倒出过滤，再加入适量的白糖，即可饮用。

养生功效

此款豆浆可改善贫血，增强体质。

明目养肝+补充营养

草莓牛奶燕麦粥

材料

生燕麦片100克，牛奶200毫升，草莓果酱30克，白糖适量。

做法

①生燕麦片洗净，用清水浸泡半小时。

②在锅内加入少量的清水，大火烧开后，倒入生燕麦片煮至滚沸。

③加入牛奶转小火慢熬20分钟，加入草莓果酱，待果酱全部溶化后，可按照个人口味添加适量的白糖，倒入碗中，即可食用。

养生功效

此粥中含有大量的胡萝卜素、钙、铁等营养元素，有补充营养的作用。

补蛋白质+促进发育

荞麦红枣豆浆

材料

荞麦30克，红枣10颗，黄豆50克，白糖适量。

做法

①黄豆洗净，用清水浸泡8小时；荞麦洗净，用清水浸泡4小时；红枣用温水泡开，去核。

②将以上食材全部倒入豆浆机中，加水至上、下水位线之间，按下“豆浆”键。

③待豆浆机提示豆浆做好后，倒出过滤，再加入适量的白糖，即可饮用。

养生功效

此款豆浆含有丰富的蛋白质、钙、磷等营养元素，适宜骨骼发育期的青少年食用。

老年人

按照国际规定，65 周岁以上的人确定为老年人；在中国，60 周岁以上的公民为老年人。随着社会老龄化的日益加剧，中国的老年人越来越多，所占人口比例也越来越高。

☺食材、药材推荐

饮食原则

☑ 清淡软烂 ☑ 少食多餐 ☑ 细嚼慢咽 ☑ 营养均衡 ☒ 高糖 ☒ 高盐 ☒ 油腻 ☒ 辛辣

症因解读

癌症、高血压、冠心病、慢性支气管炎、糖尿病、痛风、震颤性麻痹、老年性白内障、耳聋、前列腺肥大等均是老年人的常见病。

症状表现

中年以后，人的神经反应逐渐迟钝，即使病情加重，表现也不明显，中老年人出现不适，如食欲不振、疲劳与虚弱、眩晕、晕厥、头痛、关节痛、发热等，需要予以重视。

护理指南

1. 要多吃水果、蔬菜。新鲜蔬菜含有丰富的维生素 C 和矿物质，各种水果含有丰富的水溶性维生素和微量金属元素。

2. 蛋白质、脂肪、糖类、维生素、矿物质和水是人体所必需的六大营养素，为平衡吸收营养，保持身体健康，各种食物都要适量摄入。

3. 菜肴要清淡，饮食要热。摄入过多的盐会给心脏、肾脏增加负担，易引起血压增高。

食材、药材图典 • 栗子

【别名】板栗、大栗、栗果、毛栗、栗楔、毛栗子、封栗。

【性味】性温，味甘。

【归经】入脾、胃、肾经。

【功效】养胃健脾，补肾强筋，活血止血。

【禁忌】糖尿病患者，婴幼儿，脾胃虚弱、消化不良者，风湿病患者不宜多食。新鲜栗子容易变质霉烂，吃了发霉的栗子会中毒，因此变质的栗子不能吃。

【挑选】选外壳呈褐色、质地坚硬、表面光滑、无虫眼、无杂斑、半圆状的优质板栗。

补充营养+健脾益胃

牛奶黑米糊

材料

黑米100克，牛奶200毫升，白糖适量。

做法

1. 黑米洗净，用清水浸泡4小时。
2. 将浸泡好的黑米和牛奶一起倒入豆浆机中，加水至上、下水位线之间，按下“米糊”键。
3. 待豆浆机提示米糊煮好后，倒入碗中，加入适量的白糖，即可食用。

滋阴补肾，延缓衰老

养生功效

牛奶黑米糊含有丰富的B族维生素，还具有补充营养、补肾强肾的功效，有助于缓解老年人腰膝酸软。

滋补脾肾+强筋壮骨

栗子米糊

材料

糯米70克，栗子50克，白糖适量。

做法

1. 糯米洗净，用清水浸泡4小时；栗子去壳，取肉，切成小碎块。
2. 将以上食材全部倒入豆浆机中，加水至上、下水位线之间，按下“米糊”键。
3. 待豆浆机提示米糊煮好后，倒入碗中，加入适量的白糖，即可食用。

养生功效

栗子米糊具有滋补脾肾、强筋壮骨、延缓衰老的功效，但需要注意的是，栗子糖分较高，所以糖尿病患者最好少食用。

疏风清热，明目解毒

调养身体+益气养阴

黑豆大米豆浆

材料

黑豆30克，大米30克，黄豆40克，白糖适量。

做法

❶ 黄豆、黑豆分别洗净，用清水浸泡6～8小时；大米洗净，用清水浸泡2小时。

❷ 将以上食材全部倒入豆浆机中，加水至上、下水位线之间，按下“豆浆”键。

❸ 待豆浆机提示豆浆做好后，倒出过滤，再加入适量的白糖，即可饮用。

养生功效

黑豆大米豆浆具有调养身体、益气养阴、延缓衰老的功效，尤其适宜体虚、脾虚水肿者食用。

补脾利水，解毒乌发

健脾和胃+延缓衰老

山药黑米粥

材料

山药50克，黑米100克，黑豆20克，核桃10克，盐适量。

做法

❶ 黑米洗净，用清水浸泡4小时；黑豆洗净，用清水浸泡6～8小时；山药去皮，洗净，切成小块；核桃用温水泡开，切碎。

❷ 注清水入锅，大火烧开，倒入黑米、黑豆同煮至熟烂，加入核桃碎、山药块，煮至粥稠，加入适量盐调味。

养生功效

此粥中加入了黑豆、核桃，不仅具有健脾和胃的功效，还可延缓衰老、补充人体所需的蛋白质。

健脾胃，益肺肾

补血明目+开胃健脾

黑芝麻大米粥

材料

黑芝麻50克，大米100克，白糖适量。

做法

❶ 大米洗净，用清水浸泡1小时；黑芝麻用清水淘洗净，入搅拌机打碎。

❷ 注水入锅，大火烧开，倒入大米煮至滚沸后，转小火继续慢熬半小时。

❸ 加入打碎的黑芝麻同煮至米烂粥稠，加入适量的白糖搅拌，待白糖溶化后，倒入碗中，即可食用。

养生功效

本品具有补血明目、开胃健脾、延缓衰老的功效，经常食用此粥对五脏、皮肤、毛发都有益处。

补中益气，健脾养胃

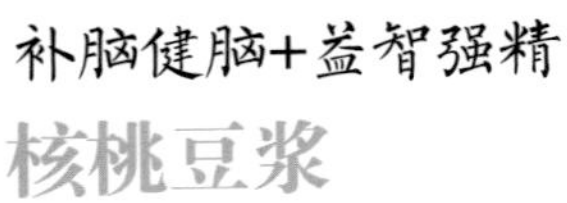

补脑健脑+益智强精

核桃豆浆

材料

核桃30克，黄豆70克，白糖适量。

做法

❶ 黄豆洗净，用清水浸泡6～8小时；核桃用温水泡开。

❷ 将浸泡好的黄豆和核桃倒入豆浆机中，加水至上、下水位线之间，按下“豆浆”键。

❸ 待豆浆机提示豆浆做好后，倒出过滤，再加入适量的白糖，即可饮用。

养生功效

核桃豆浆具有补脑健脑、益智强精的功效，经常饮用可起到延年益寿、乌发活血、美容的作用。

滋补肝肾，补气养血

宽中下气，补脾益气

补虚益血+润燥除烦

芝麻豆浆

材料

黑芝麻30克，黄豆70克，白糖适量。

做法

① 黄豆洗净，用清水浸泡6～8小时；黑芝麻洗净，控干。

② 将以上食材全部倒入豆浆机中，加水至上、下水位线之间，按下“豆浆”键。

③ 待豆浆机提示豆浆做好后，倒出过滤，再加入适量的白糖，即可饮用。

养生功效

此款豆浆中的黑芝麻性平，味甘，具有补肝肾、益精血、润肠燥的功效。黑芝麻和黄豆都具有缓解虚劳的功效，适宜病后、产后、过劳等原因导致的体虚者饮用。

补肝肾，润五脏

美白润肤+补血活血

糙米花生杏仁糊

材料

糙米50克，杏仁10克，花生15克，白糖适量。

做法

① 糙米洗净，用清水浸泡2小时；杏仁、花生去衣，再用温水泡开。

② 将以上食材全部倒入豆浆机中，加水至上、下水位线之间，按下“米糊”键。

③ 米糊煮好后，加入适量白糖，即可食用。

养生功效

糙米中含有丰富的B族维生素和维生素E；杏仁具有美白润肤的功效；花生具有补血活血的功效。食用三者制成的米糊，可起到改善肤色的作用。

止咳平喘，润肠通便

男性

承受高度压力的男性可能会出现焦虑、失眠、疲劳和郁郁寡欢等问题。男性在面对压力时，更易出现血压增高、肾上腺素分泌增加的情况，患心脑血管疾病的风险更高。

☺食材、药材推荐

山药	枸杞子	桂圆	干贝
虾仁	海带	韭菜	青菜

饮食原则

☑ 高膳食纤维 ☑ 含镁食物 ☑ 含锌食物 ☑ 各类维生素 ☒ 吸烟 ☒ 白酒 ☒ 高胆固醇食物

症因解读

男性易患高血压、冠心病、胃肠病、肝病、呼吸道疾病、前列腺疾病和睾丸癌等。

症状表现

前列腺疾病会出现尿频、尿急、尿痛，排尿时尿道不适或灼热等症状，前列腺呈饱满、增大、质软、轻度压痛等症状。高血压的早期症状为头晕、头痛、心悸、失眠、紧张烦躁、疲乏等，以后可逐渐影响心、脑、肾器官。

护理指南

1. 适量摄入富含维生素 A、蛋白质的食物。

2. 适量摄入新鲜水果、蔬菜。多补充各种维生素、膳食纤维、钙等营养成分，补充足够的水分。

3. 适量饮酒。每天饮用红葡萄酒 20 ~ 30 毫升，对身体有一定的好处，过量饮酒则影响健康。

4. 少抽烟或戒烟。吸烟有害健康，烟草中含有大量的致癌物质，能够引起基因突变，使正常生长和控制机制失调，导致细胞癌变。

食材、药材图典 • 桂圆

【别名】龙眼、益智、羊眼、牛眼、圆眼、骊珠。

【性味】性温，味甘。

【归经】入肝、心、脾经。

【功效】补脾益胃，补心长智，养血安神。

【禁忌】内有痰火及湿滞停饮者忌服。孕妇慎食。

【挑选】选成熟适度、果大肉厚、皮薄核小、香味多汁、果壳完整、色泽不减的桂圆。

健康小贴士

常按摩腰眼穴养生疗法

用双手拇指和食指同时捏拿脊柱两侧的骶棘肌，从上向下分别捏拿、提放腰部肌肉，直至骶部，每天操作 4 次即可。

壮阳益精+健胃提神

山药韭菜枸杞米糊

材料

大米100克，山药40克，韭菜30克，枸杞子10克，盐适量。

做法

❶ 大米洗净，用清水浸泡 2 小时；山药洗净，去皮切块；韭菜去黄叶，洗净，切碎；枸杞子用温水泡开。

❷ 将以上食材全部倒入豆浆机中，加水至上、下水位线之间，按下“米糊”键。

❸ 待豆浆机提示米糊煮好后，加入适量的盐，即可食用。

养生功效

韭菜性温，味辛，有健胃、提神、消炎止血、止痛的功效。山药韭菜枸杞米糊有壮阳益精的功效，适合肾阳不足的男性食用。

止汗固涩，补肾助阳

滋补强体+益肾补虚

桂圆山药豆浆

材料

桂圆肉10克，山药40克，黄豆50克，白糖适量。

做法

❶ 黄豆洗净，用清水浸泡 6 ~ 8 小时；桂圆肉用温水泡开；山药去皮，洗净，切小块。

❷ 将以上食材全部倒入豆浆机中，加水至上、下水位线之间，按下“豆浆”键。

❸ 待豆浆机提示豆浆做好后，倒出过滤，再加入适量的白糖，即可饮用。

养生功效

此款豆浆具有滋补强体、益肾补虚、养血固精的功效，尤其适合男性饮用。

养血安神，补气助阳

健脾胃，益肺肾

温补肾阳+健胃提神

韭菜羊肉粥

材料

韭菜60克，羊肉50克，大米60克，生姜1小块，料酒、盐各适量。

做法

❶ 大米洗净，用清水浸泡 1 小时；韭菜洗净，切段；羊肉洗净，切成细丁；生姜洗净，去皮，切末。将羊肉丁用料酒、姜末、盐腌渍。

❷ 注水入锅，大火烧开，倒入大米煮至滚沸后转小火熬成稀粥。

❸ 加入羊肉丁同煮，待羊肉熟至七成时，倒入韭菜段同煮至熟，加入适量的盐调味，继续熬煮 5 分钟后，倒入碗中，即可食用。

养生功效

本品具有温补肾阳的功效，适宜冬季食用，但易上火者需少食。

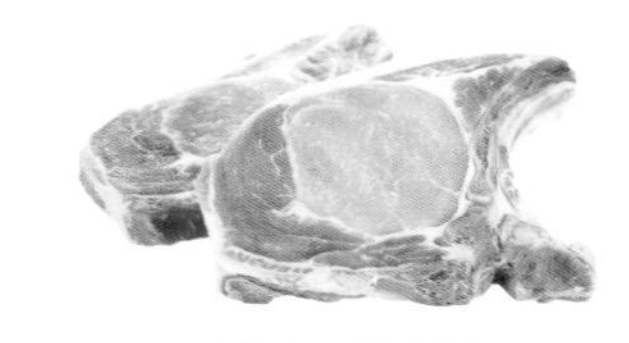

补体虚，祛寒冷

提高免疫力+预防动脉硬化

青菜虾仁粥

材料

青菜50克，虾仁30克，大米100克，鸡汤、盐各适量。

做法

❶ 大米洗净，用清水浸泡 1 小时；青菜洗净，入沸水快速焯一下，切小段；虾仁去虾线，洗净，入沸水焯一遍。

❷ 在锅内注入适量的鸡汤和清水，大火烧开后将大米倒入锅中，边煮边搅拌。

❸ 煮开后，转小火继续煮至黏稠状，倒入虾仁、青菜段同煮片刻，再加入适量的盐，即可食用。

养生功效

虾中含有丰富的镁，对人体心脏活动具有重要的调节作用，能很好地保护心血管系统，调节血液中胆固醇含量，防止动脉硬化，有利于预防高血压及心肌梗死。

滋阴补肾+调中下气

干贝海带粥

材料

干贝30克，海带60克，胡萝卜30克，大米100克，葱花、生姜末、盐各适量。

做法

❶ 大米洗净，用清水浸泡1小时；海带洗净，切段；干贝洗净，用温水浸泡2小时后，切成碎末；胡萝卜洗净，切片。

❷ 在锅中注入适量清水，大火烧开后，倒入大米，边煮边搅拌，待米煮开后，转小火慢慢熬煮。

❸ 待粥煮至八成熟时，倒入干贝碎、海带段、胡萝卜片、生姜末同煮，至粥成时加入适量的盐，撒上葱花即可食用。

养生功效

干贝性温，味甘、咸，具有滋阴补肾的作用。

增进食欲+健脾益胃

皮蛋瘦肉粥

材料

皮蛋1个，猪瘦肉50克，大米100克，葱花、胡椒粉、盐各适量。

做法

❶ 大米淘净；皮蛋去壳，洗净后切成碎丁；猪瘦肉洗净，入沸水煮熟后，撕成细肉丝。

❷ 在锅中注入清水，大火烧开，将全部食材一同倒入锅中煮至水沸，转小火熬煮，粥将成时，加入盐、胡椒粉，搅拌均匀后，撒上葱花即可。

养生功效

皮蛋瘦肉粥具有增进食欲、健脾益胃、清除烦热的功效。

调养脾胃+固肾益精

大米山药粥

材料

大米100克，山药60克，盐适量。

做法

❶ 大米洗净，用清水浸泡1小时；山药削皮，洗净，切成小块。

❷ 在锅内注入适量的凉水，大火烧开后，将大米和山药块一同倒入锅中，边煮边搅拌。

❸ 待煮开后，转小火继续慢熬半小时，倒入碗中，加入适量的盐即可。

养生功效

本品具有调养脾胃、固肾益精的功效。

普通女性

中医认为，“女子以养血为本”，因此在日常饮食中可多摄入一些补血活血的食物。此外，女性还应做好经期保健，以减轻罹患妇科疾病的风险。

☺食材、药材推荐

小麦仁

绿豆

薏米

小米

红枣

榛子

百合

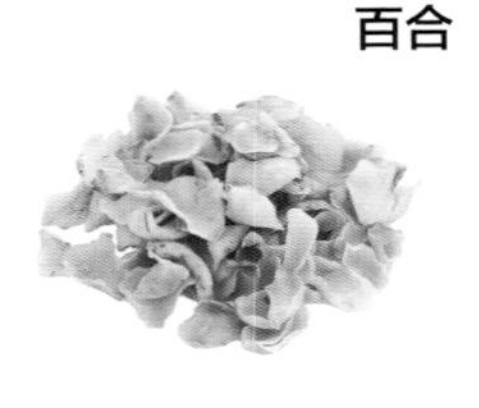

红糖

饮食原则

☑ 含铁食物　☑ 含雌激素类食物　☑ 饮食清淡　☒ 经常食用甜食　☒ 烟酒　☒ 辛辣生冷

症因解读

由于女性的特殊体质，性生活不健康或者不卫生，容易诱发各种炎症，如阴道炎、盆腔炎、宫颈糜烂、慢性宫颈炎、宫颈白斑、宫颈息肉等。

症状表现

女性阴道易感染细菌，阴道奇痒，白带增多，呈奶酪或豆腐渣状，呈黄或绿色，有腥味。乳房胀痛，乳头疼痛或痒，乳房有肿块，经前或经期疼痛加剧。

护理指南

1. 多吃营养丰富的新鲜水果和蔬菜。多吃全谷类食物。

2. 多吃含有丰富的蛋白质、镁、B 族维生素和维生素 E 的坚果。

3. 对症选用中草药。如益母草用于缓解痛经、月经不调，可使神经系统得到放松。

4. 不要食用油腻的加工食品，也不要食用含酒精、咖啡因、尼古丁和糖精的食品。

食材、药材图典 • 小麦

【别名】麸麦、浮麦、浮小麦、空空麦、麦、麦子软粒。

【性味】性凉，味甘。

【归经】入脾、胃、心经。

【功效】除热，止烦渴，利小便，补养肝气，止漏血。

【禁忌】诸无所忌。

【挑选】两头较圆润、较短，饱满，表面浅黄棕色或黄色的为佳。

宁心安神+益气补血

红枣小麦糯米糊

材料

小麦仁25克，糯米75克，红枣7颗，白糖适量。

做法

1. 小麦仁、糯米分别洗净，用清水浸泡4小时；红枣用温水泡开，去核。
2. 将以上食材全部倒入豆浆机中，加水至上、下水位线之间，按下“米糊”键。
3. 待豆浆机提示米糊煮好后，倒入碗中，加入适量的白糖，即可食用。

养生功效

小麦仁具有宁心安神的功效；糯米和红枣可起到益气补血的作用。三者打磨成米糊食用，可缓解女性月经期心神不宁的状况。

补益脾胃，养血补气

活血养血+美容养颜

榛子绿豆豆浆

材料

榛子15克，绿豆40克，黄豆40克，白糖适量。

做法

1. 黄豆、绿豆洗净，用清水浸泡6～8小时；榛子洗净，控干。
2. 将以上食材全部倒入豆浆机中，加水至上、下水位线之间，按下“豆浆”键。
3. 待豆浆机提示豆浆做好后，倒出过滤，再加入适量的白糖，即可饮用。

养生功效

此款豆浆不仅具有活血养血、美容养颜的功效，而且对眼睛也有一定的保护作用。

清热解毒，消暑开胃

暖胃补气+健脾补血

红糖小米粥

材料

小米100克，红枣7颗，红糖适量。

做法

① 小米洗净，用清水浸泡 2 小时；红枣用温水泡发，去核。

② 注水入锅，大火烧开，下小米、红枣同煮，边煮边搅拌。

③ 待小米煮至滚沸后，加入适量的红糖，待红糖溶化后，倒入碗中，即可食用。

养生功效

此款小米粥具有暖胃补气、健脾补血的功效，适合手足易冰凉的女性食用。

补益虚损，和中益肾

淡化色斑+润肠通便

薏米麦片粥

材料

薏米50克，生麦片50克，大米20克，红枣5颗，白糖适量。

做法

① 薏米、生麦片、大米分别洗净，薏米用清水浸泡 4 小时；生麦片用清水浸泡半小时；大米用清水浸泡 1 小时；红枣用温水泡发，去核。

② 注水入锅，大火烧开，下薏米、大米，同煮至六成熟。

③ 加入生麦片、红枣同煮至滚沸后，转小火慢熬至粥黏稠，加入适量的白糖，待白糖溶化后，倒入碗中，即可食用。

养生功效

此粥富含蛋白质、膳食纤维等营养物质，能起到淡化色斑、润肠通便、排毒美肤的作用。

利尿消肿，清热解毒

强心补血+美容养颜

小麦红枣豆浆

材料

小麦仁30克，红枣10颗，黄豆50克，白糖适量。

做法

❶ 黄豆洗净，用清水浸泡6～8小时；小麦仁洗净，用清水浸泡2小时；红枣洗净，用温水泡开，去核。

❷ 将以上食材全部倒入豆浆机中，加水至上、下水位线之间，按下“豆浆”键。

❸ 待豆浆机提示豆浆做好后，倒出过滤，再加入白糖，即可饮用。

养生功效

此款豆浆具有强心补血的功效。

补养气血+利水瘦身

红枣薏米粥

材料

红枣5颗，薏米50克，糯米100克，冰糖适量。

做法

❶ 糯米、薏米分别洗净，用清水浸泡2小时；红枣用温水泡开，去核。

❷ 在锅内注入适量的凉水，大火烧开后将糯米和薏米一同倒入锅中，边煮边搅拌。

❸ 煮开后，加入红枣，转小火继续慢慢熬煮，煮至米粒糊化成粥状时，加入适量冰糖，搅拌均匀后，即可食用。

养生功效

本粥具有补养气血、利水瘦身的功效，经常食用可使皮肤细密紧致。

安神静心+润肺除燥

百合薏米粥

材料

百合30克，薏米30克，大米100克，冰糖适量。

做法

❶ 大米、薏米分别洗净，大米用清水浸泡1小时，薏米用清水浸泡2小时；百合用温水泡开，洗净。

❷ 在锅内注入凉水，大火烧开后将除冰糖以外的全部食材一同倒入锅中。

❸ 煮至米粒糊化成粥状时，加入适量的冰糖，搅拌均匀后，倒入碗中，即可食用。

养生功效

本粥具有安神静心、润肺除燥的功效，也具备一定的美容瘦身功效。

滋润肌肤+活血调经

薏米米糊

材料

大米50克，薏米30克，花生20克，白糖适量。

做法

❶ 大米洗净，用清水浸泡 2 小时；薏米洗净，用清水浸泡 4 小时；花生去衣，再用温水泡开。

❷ 将以上食材全部倒入豆浆机中，加水至上、下水位线之间，按下“米糊”键。

❸ 待豆浆机提示米糊煮好后，将米糊倒入碗中，加入适量的白糖，即可食用。

养生功效

此款米糊具有滋润肌肤、活血调经及缓解面部粉刺、痤疮的功效，十分适合女性食用。

利尿消肿，清热解毒

温补脾胃+活血补虚

糯米豆浆

材料

糯米50克，黄豆50克，白糖适量。

做法

❶ 黄豆洗净，用清水浸泡 6 ~ 8 小时；糯米洗净，用清水浸泡 4 小时。

❷ 将浸泡好的黄豆和糯米倒入豆浆机中，加水至上、下水位线之间，按下“豆浆”键即可。

❸ 待豆浆机提示豆浆做好后，倒出过滤，再加入适量的白糖，即可饮用。

养生功效

此款豆浆具有温补脾胃、活血补虚的功效，适宜体质偏寒凉者及胃寒体虚者饮用。

温补五脏，收敛止汗

宽中下气，补脾益气

孕期女性

孕中期宜多食用一些补养气血的食物，同时也应增加蛋白质、钙等营养素的摄入。孕晚期需要补充更多的营养素，以保证胎儿发育和应对分娩消耗。

☺食材、药材推荐

饮食原则

☑ 新鲜清淡 ☑ 营养丰富 ☑ 补血益气 ☒ 过量维生素 A ☒ 烟酒 ☒ 咖啡 ☒ 茶 ☒ 寒凉性滑食物

症因解读

怀孕后，害喜情况会越来越严重。由于孕激素的关系，皮肤失去了以前的柔软感，略显粗糙，甚至会很干燥，脸部的色素沉淀也会增加。

症状表现

恶心、呕吐、食欲异常、消化不良、反胃、呕酸水、情绪不稳定、身心不适、皮肤干燥、瘙痒，产生皮肤色素沉着或是腹壁妊娠纹。

护理指南

1. 营养要合理全面，保证优质蛋白质的供应。

2. 适当增加热能的摄入。

3. 少量多餐，食物烹调要清淡，避免食用过分油腻和刺激性强的食物。孕期不要节食，怀孕期间节食对孕妇和发育中的宝宝都会有潜在的危害。

4. 不抽烟，不喝酒，少食辛辣、热性的佐料，少吃甜食等含有食品添加剂的食品，不要滥用补药，忌食人参、桂圆等。

食材、药材图典 • 乌鸡

【别名】竹丝鸡、丝羽乌骨鸡、武山鸡、乌骨鸡。

【性味】性平，味甘。

【归经】入肝、肾经。

【功效】滋阴清热，补肝益肾，健脾止泻。

【禁忌】不宜与野鸡、甲鱼、鲤鱼、鲫鱼、兔肉、虾、蒜一同食用。

【挑选】选无臭、不粘手、肉鲜、血不暗、无伤、有余温、皮亮见毛孔的食用。

健康小贴士

女性最佳受孕期

女性的最佳受孕年龄为 25~29 岁，男性为 30~35 岁。最佳受孕月份是 7~8 月。

缓解便秘+增强体质

燕麦栗子糊

材料

生燕麦片20克，黄豆30克，栗子30克，白糖适量。

做法

❶ 大米用清水洗净，浸泡2小时；生燕麦片用清水洗净；黄豆洗净，用清水浸泡6～8小时；栗子去壳，取仁切碎。

❷ 将以上食材全部倒入豆浆机中，加水至上、下水位线之间，按下“米糊”键。

❸ 豆浆机提示米糊煮好以后，倒入碗中，加入适量白糖，即可食用。

养生功效

燕麦栗子糊含有大量的膳食纤维，具有帮助准妈妈缓解便秘及增强体质的功效。

益气补脾，强筋健骨

促进发育+改善食欲

西红柿豆腐米糊

材料

小米70克，豆腐40克，西红柿1个，盐适量。

做法

❶ 小米洗净，用清水浸泡2小时；豆腐切丁，入沸水焯2分钟；西红柿洗净，去皮，切块。

❷ 将以上食材全部倒入豆浆机中，加水至上、下水位线之间，按下“米糊”键。

❸ 豆浆机提示米糊煮好后盛出，加入适量盐，即可食用。

养生功效

西红柿豆腐米糊可以起到促进胚胎发育的功效，同时也可以改善孕妇食欲。

补益虚损，和中益肾

清热止渴，养阴凉血

滋阴润肺+清心宁神

黑豆银耳百合豆浆

材料

黑豆20克，银耳1朵，百合20克，黄豆50克，白糖适量。

做法

❶ 黄豆、黑豆分别洗净，用清水浸泡6～8小时；百合、银耳用温水泡开；银耳撕碎备用。

❷ 将以上食材全部倒入豆浆机中，加水至上、下水位线之间，按下“豆浆”键。

❸ 待豆浆机提示豆浆做好后，倒出过滤，再加入适量的白糖，即可饮用。

养生功效

此款豆浆具有滋阴润肺、清心宁神的功效，同时还可起到缓解孕妇焦虑性失眠及妊娠反应的作用。

养心安神，润肺止咳

利尿消肿+调中健胃

玉米红豆豆浆

材料

鲜玉米粒60克，红豆30克，黄豆30克，白糖适量。

做法

❶ 黄豆、红豆分别洗净，用清水浸泡6～8小时；鲜玉米粒洗净。

❷ 将以上食材全部倒入豆浆机中，加水至上、下水位线之间，按下“豆浆”键。

❸ 待豆浆机提示豆浆做好后，倒出过滤，再加入适量的白糖，即可饮用。

养生功效

此款豆浆具有利尿消肿、调中健胃的功效，同时还可缓解孕期水肿、食欲低下的问题。

健脾益胃，利尿消肿

开胃利胆，通便利尿

补气养血+安胎止痛

葱白乌鸡糯米粥

材料

乌鸡腿1只，糯米200克，葱白30克，盐适量。

做法

❶ 糯米洗净，用清水浸泡4小时；乌鸡腿剁成块，放入沸水中焯去血污；葱白切成小段。

❷ 在锅内注入适量凉水，放入乌鸡块大火烧开，转小火煮20分钟后，加入糯米同煮片刻。

❸ 待米煮开后，转小火慢熬至粥黏稠，加入适量的葱白段、盐，稍煮片刻，将粥倒入碗中，即可食用。

养生功效

此粥具有补气养血、安胎止痛的功效，对血虚导致的胎动有一定的改善作用。

调和脾胃+润肺清热

大米粥

材料

大米200克，盐或白糖适量。

做法

❶ 大米洗净，用清水浸泡1小时。

❷ 在锅内注入适量的凉水，大火烧开后，将洗净的大米倒入锅中，边煮边搅拌。

❸ 待米煮至翻滚后，转小火继续慢熬半小时，倒入碗中，按照个人口味加入适量的盐或白糖，搅拌均匀后，即可食用。

养生功效

此粥具有调和脾胃、润肺清热的功效，经常食用可起到滋润五脏、养颜护肤的作用。

补中益气，健脾养胃

润肺生津，补中缓急

润肠通便+排出毒素

燕麦粥

材料

燕麦或生燕麦片200克，盐、白糖各适量。

做法

❶ 燕麦或生燕麦片洗净，用清水浸泡1小时后洗净。

❷ 在锅内注入凉水，大火烧开后将洗好的燕麦或生燕麦片倒入锅中。

❸ 待燕麦或燕麦片煮至翻滚后，转小火继续慢熬半小时，倒入碗中，调入适量的盐或白糖，搅拌均匀，即可食用。

养生功效

此款燕麦粥具有润肠通便的功效，经常食用可起到清除肠道毒素的作用。

滋阴养血+宁心安神

小米粥

材料

小米200克，盐或红糖适量。

做法

❶ 小米洗净，用清水浸泡1小时。

❷ 在锅内注入适量的凉水，大火烧开后将泡好的小米倒入锅中，边煮边翻搅。

❸ 待米煮至翻滚后，转小火继续慢熬半小时，倒入碗中，按照个人口味调入适量的盐或红糖，搅拌均匀后，即可食用。

养生功效

此粥具有滋阴养血、宁心安神的功效，加入适量红糖可起到养血的功效，若加入白糖则起到安神益智的功效。

健脾和胃+生津止泻

高粱粥

材料

高粱200克，盐或冰糖适量。

做法

❶ 高粱洗净，用清水浸泡2小时。

❷ 在锅内注入适量的凉水，大火烧开后将淘洗好的高粱倒入锅中，边煮边翻搅。

❸ 待米煮至翻滚后，转小火继续慢熬半小时，倒入碗中，按照个人口味加入适量的盐或冰糖搅拌均匀，即可食用。

养生功效

此粥具有健脾和胃、生津止泻的功效，尤其适合脾胃虚弱、消化不良、慢性腹泻的人群食用。

产后女性

产后女性身体一般较为虚弱，需要坐月子进补以恢复元气。但产后初期不宜骤然进补，以免出现脾胃消化不良、难以吸收的情况。

☺食材、药材推荐

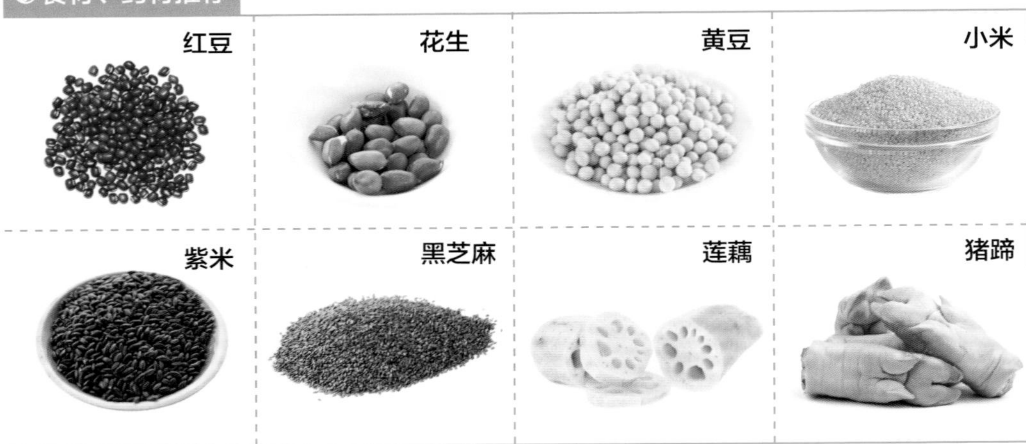

饮食原则

☑ 荤素搭配 ☑ 优质蛋白质 ☑ 新鲜水果 ☑ 骨肉汤 ☒ 巧克力 ☒ 麦芽 ☒ 韭菜 ☒ 花椒 ☒ 甜腻食品

症因解读

女性产后一周内皮肤排泄功能旺盛，极易出汗，如若穿得过多，会造成排汗加剧，大汗后突然吹风，容易感冒。部分产妇生育后活动过多，出现劳累，会造成腰背疼痛。

症状表现

产褥期内，如果不注意卫生和护理，易发生各种感染、乳腺炎、子宫脱垂、附件炎等疾病，严重威胁产妇健康。

护理指南

1. 忌多吃味精。为了婴儿不出现缺锌症，产后女性应忌吃过量味精。

2. 忌过多地吃鸡蛋。若分娩后立即吃鸡蛋，会难以消化，增加胃肠负担。

3. 忌喝大量白开水。产后坐月子是身体恢复的黄金时期，这段时间要让身体积聚的水分尽量排出，如果饮用过多的水，将不利于身体恢复。

4. 宜多吃红糖。红糖营养丰富，有温补性质。

食材、药材图典 • 莲藕

【别名】藕、藕节、湖藕、果藕、菜藕、水鞭蓉、荷藕、光旁、菡萏、芙蕖。

【性味】性寒，味甘。

【归经】归肝、肺、胃经。

【功效】生食莲藕有清热生津、凉血止血之效；熟食则有补益脾胃、益血生肌的作用。

【禁忌】生食过多，微动气。大便燥涩者忌食。由于藕性偏凉，故产妇不宜过早食用。一般产后 1 ~ 2 周可以食用。

【挑选】表面发黄、断口处闻着有一股清香、藕身粗长的为佳。

缓解产后瘀血

莲藕米糊

材料

莲藕80克，糯米100克，红糖适量。

做法

❶ 莲藕洗净，去皮，切丁；糯米洗净，用清水浸泡 4 小时。

❷ 将以上食材全部倒入豆浆机中，加水至上、下水位线之间，按下“米糊”键。

❸ 待豆浆机提示米糊煮好后，倒入碗中，加入适量的红糖，即可食用。

养生功效

莲藕与糯米同打成米糊食用，可起到缓解产后瘀血的作用，但产后大出血者不宜食用。

清热生津，凉血止血

补气活血+恢复体力

红豆紫米豆浆

材料

红豆30克，紫米30克，黄豆40克，白糖适量。

做法

❶ 黄豆、红豆分别洗净，用清水浸泡 6 ~ 8 小时；紫米洗净，用清水浸泡 4 小时。

❷ 将以上食材全部倒入豆浆机中，加水至上、下水位线之间，按下“豆浆”键。

❸ 待豆浆机提示豆浆做好后，倒出过滤，再加入适量的白糖，即可饮用。

养生功效

红豆、紫米都是补血补肾的佳品，产后女性饮用此款豆浆能起到补气活血、恢复体力的作用。

健脾益胃，利尿消肿

滋阴养血+滋补美容

猪蹄黑芝麻粥

材料

猪蹄1只，黑芝麻30克，黄豆20克，大米50克，盐适量。

做法

❶ 大米、黄豆分别洗净，大米用清水浸泡 1 小时，黄豆用清水浸泡 4 小时；黑芝麻洗净，控干；猪蹄洗净，剁块，入沸水，焯去血污。

❷ 在锅内注入适量的清水，放入猪蹄块，大火煮 2 ~ 3 小时后，加入黄豆、大米、黑芝麻同煮。

❸ 待米、豆煮至滚沸，转小火慢熬至粥黏稠，加入适量的盐调味，继续熬煮 5 分钟，将粥倒入碗中，即可食用。

养生功效

此款猪蹄黑芝麻粥具有滋阴养血、促进乳汁分泌以及滋补美容的功效。

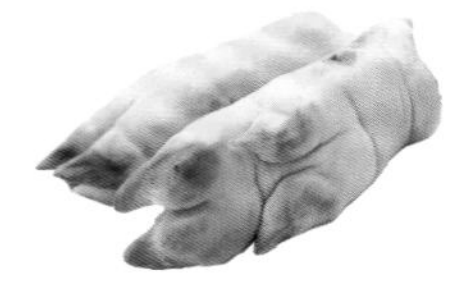

壮腰补膝，益肾通乳

润燥消水+清热解毒

花生豆浆

材料

花生50克，黄豆50克，白糖适量。

做法

❶ 黄豆洗净，用清水浸泡 6 ~ 8 小时；花生洗净，用温水泡开。

❷ 将浸泡好的黄豆和花生倒入豆浆机中，加水至上、下水位线之间，按下“豆浆”键。

❸ 待豆浆机提示豆浆做好后，倒出过滤，再加入适量的白糖，即可饮用。

养生功效

黄豆性平，味甘，具有健脾宽中、润燥消水、清热解毒、益气的功效。此款豆浆可以补充身体所需营养，也有助于提高产后女性的乳汁质量，对宝宝的生长发育有一定帮助。

滋血通乳，抗衰止血

安神益肾+清热解毒

小米米糊

材料

小米60克，大米20克，白糖适量。

做法

❶ 小米、大米分别淘洗干净，用适量清水浸泡 2 小时。

❷ 将以上食材全部倒入豆浆机中，加水至上、下水位线之间，按下“米糊”键。

❸ 待豆浆机提示米糊煮好后，将米糊倒入碗中，加入适量的白糖，即可食用。

养生功效

此款米糊以小米为主，具有安神益肾、除热解毒的作用，适宜气血不足、失眠健忘者食用。

补益虚损，和中益肾

利水消肿+清热解毒

红豆豆浆

材料

红豆80克，白糖适量。

做法

❶ 红豆洗净，用清水浸泡6～8小时。

❷ 将浸泡好的红豆倒入豆浆机中，加水至上、下水位线之间，按下“豆浆”键。

❸ 待豆浆机提示豆浆做好后，倒出过滤，再加入适量的白糖，即可饮用。

养生功效

此款豆浆具有安神定气、改善烦躁的作用，可以排出体内毒素，特别适合产后女性饮用。

健脾益胃，利尿消肿

润肺生津，补中缓急

更年期女性

女性的更年期一般处于 45 ~ 55 岁之间。女性进入更年期后由于卵巢功能减退，易造成自主神经功能紊乱，出现烦躁易怒、失眠、月经不调、精力衰退等症状。

☺食材、药材推荐

饮食原则

☑ B 族维生素　☑ 补血益气食物　☑ 含铁食物　☒ 高盐　☒ 高糖　☒ 高脂　☒ 咖啡

症因解读

在长期缺乏雌激素、孕激素的情况下，依赖雌激素、孕激素维护其功能的器官或组织可能产生功能衰退、结构变异，甚至病变。

症状表现

月经周期紊乱，月经量越来越少，皮肤、头发枯燥，口腔等处的黏膜干燥、容易感染发炎，容易产生咽干、声音嘶哑、腰酸背痛、骨质疏松、潮热、心悸、精神和神经症状表现异常等。

护理指南

1. 豆制品是更年期女性饮食的首选，还要多吃牛奶、鸡蛋、瘦肉、鱼肉等高蛋白的食物，补充蛋白质。

2. 注意补充 B 族维生素，可以多吃小米、麦片等粗粮，以及蘑菇、瘦肉、牛奶、绿叶蔬菜和水果等。

3. 适当控制甜食和盐的摄入量，注意补钙。适当限制高脂肪食物的摄入。

食材、药材图典 • 合欢花

【别名】夜合欢、绒花树、鸟绒树、苦情花。

【性味】性平，味甘。

【归经】归心、肝、脾经。

【功效】舒郁理气、安神活络、养血、清心明目、滋阴肾。

【禁忌】阴虚津伤者慎用。

【挑选】外表呈深绿色或灰棕色、椭圆形、质硬而脆、断面黄白色、味涩而微苦的为佳。

健康小贴士

更年期护理

保持自信和开朗，适当进行体力劳动和锻炼，如散步、慢跑、打太极拳、舞剑等。

滋阴补肾+延缓衰老

黑米黄豆糊

材料

黑米50克，黄豆60克，白糖适量。

做法

❶ 黑米洗净，用清水浸泡 4 小时；黄豆洗净，用清水浸泡 6 ~ 8 小时。

❷ 将以上食材全部倒入豆浆机中，加水至上、下水位线之间，按下“米糊”键。

❸ 待豆浆机提示米糊煮好后，倒入碗中，加入适量的白糖，即可食用。

养生功效

黑米有滋阴补肾、延缓衰老的功效；黄豆可双向调节雌激素，二者同打成米糊食用，可起到调节女性更年期的作用。

宽中下气，补脾益气

补脾健胃+安养心神

桂圆大米糊

材料

大米70克，桂圆肉40克，白糖适量。

做法

❶ 大米洗净，用清水浸泡 2 小时；桂圆肉用温水泡开。

❷ 将以上食材全部倒入豆浆机中，加水至上、下水位线之间，按下“米糊”键。

❸ 待豆浆机提示米糊煮好后，倒入碗中，加入适量的白糖，即可食用。

养生功效

此款米糊具有补脾健胃、安养心神、活血补血的功效，适合更年期女性食用。

养血安神，补气助阳

补中益气，健脾养胃

养血止血+乌发明目

莲藕雪梨豆浆

材料

莲藕30克，雪梨1个，黄豆50克，白糖适量。

做法

❶ 黄豆洗净，用清水浸泡6～8小时；莲藕洗净，去皮，切小块；雪梨洗净，去皮去核，切成小块。

❷ 将以上食材全部倒入豆浆机中，加水至上、下水位线之间，按下“豆浆”键。

❸ 待豆浆机提示豆浆做好后，倒出过滤，再加入适量的白糖，即可饮用。

养生功效

此款豆浆具有养血止血、乌发明目、延年益寿、养阴清热的功效。

滋阴润肺，化痰止咳

补血补气+泻火解毒

糯米桂圆豆浆

材料

糯米30克，桂圆肉20克，黄豆50克，红糖适量。

做法

❶ 黄豆洗净，用清水浸泡6～8小时；糯米洗净，用清水浸泡4小时；桂圆肉用温水泡开。

❷ 将以上食材全部倒入豆浆机中，加水至上、下水位线之间，按下“豆浆”键。

❸ 待豆浆机提示豆浆做好后，倒出过滤，加入适量的红糖，即可食用。

养生功效

桂圆性温，味甘，具有泻火解毒的功效。糯米、桂圆都是补血补气的佳品，此款豆浆尤其适宜体质偏寒的女性饮用。

益气补血，健脾暖胃

滋阴补血+美容养肾

紫米米糊

材料

紫米30克，大米30克，红枣5颗。

做法

❶ 紫米、大米分别洗净，用清水浸泡2小时；红枣洗净，去核，再用温水泡开。

❷ 将以上食材全部倒入豆浆机中，加水至上、下水位线之间，按下“米糊”键。

❸ 待豆浆机提示米糊煮好后，倒入碗中，即可食用。

养生功效

紫米和大米都具有滋阴补血的功效，且紫米营养非常丰富，除滋阴补血外，还可起到美容养肾的作用。

安神宁心+活血化瘀

合欢花粥

材料

合欢花20克，大米100克，白糖适量。

做法

❶ 大米洗净，用清水浸泡1小时；合欢花用温水泡开。

❷ 注清水入锅，大火烧开，下大米熬煮，边煮边搅拌。

❸ 待米煮至滚沸后，加入合欢花转小火慢熬至米烂粥稠，加入适量的白糖调味，待白糖溶化后，将粥倒入碗中，即可食用。

养生功效

合欢花具有解郁安神、滋阴补阳、理气开胃、活络止痛的功效。

补血益气+暖胃健脾

红豆红枣紫米糊

材料

红豆25克，紫米75克，红枣5颗，白糖适量。

做法

❶ 红豆洗净，用清水浸泡6～8小时；紫米洗净，用清水浸泡4小时；红枣洗净，去核，用温水泡开。

❷ 将以上食材全部倒入豆浆机中，加水至上、下水位线之间，按下“米糊”键。

❸ 待豆浆机提示米糊煮好后，倒入碗中，加入适量的白糖，即可食用。

养生功效

紫米性温，味甘，有益气补血、暖胃健脾、滋补肝肾的功效。

电脑族、熬夜者

长时间观看电视或使用电脑会导致皮肤暗黄、眼痛眼干、视力下降；熬夜则对皮肤、眼睛以及身体其他器官都会带来巨大损耗。

☺食材、药材推荐

花生	大米	黄豆	绿豆
枸杞子	决明子	菊花	木瓜

饮食原则

☑ 维生素 A　☑ B 族维生素　☑ 维生素 C　☑ 清淡饮食　☒ 高脂　☒ 烟酒　☒ 咖啡

症因解读

人经常熬夜造成的后果，最严重的就是疲劳、精神不振，免疫力也会跟着下降，还会出现感冒、胃肠感染、过敏等神经失调症状。患呼吸系统、消化系统疾病的概率也会增加。

症状表现

一般表现为头痛、黑眼圈、眼袋、皮肤干枯、长黑斑、青春痘、肝功能异常、视力下降。此外，经常熬夜的人，上班或上课时经常会头痛脑涨、注意力无法集中，甚至会出现头晕的现象。

护理指南

1. 多吃胡萝卜、韭菜等富含维生素 A 的食物，以及富含 B 族维生素的瘦肉、鱼肉、猪肝等肉类食品，以缓解视力疲劳。

2. 多吃水果和蔬菜，可以摄取蛋白质、维生素，补充体力消耗。

3. 熬夜时要多喝白开水，饿了不要吃泡面，尽量以水果、面包、吐司、清粥小菜来充饥。

4. 熬夜前吃一颗 B 族维生素营养丸，可起到缓解疲劳、增强人体抵抗力的作用。

食材、药材图典 • 决明子

【别名】草决明、羊明、羊角、还瞳子、莩荠子、羊角豆、羊尾豆、马蹄决明。

【性味】性微寒，味甘、苦。

【归经】入肝、肾、大肠经。

【功效】清肝火、祛风湿、益肾明目。

【禁忌】脾胃虚寒、体质虚弱、大便溏泄等病症患者应少食。

【挑选】外观呈棕褐色、有光泽、棱方形、两端平行倾斜的为佳，建议选购知名品牌。

缓解眼干+缓解眼痛

木瓜米糊

材料

木瓜1个，大米100克，白糖适量。

做法

❶ 木瓜洗净，去皮、去籽，切成小块；大米洗净，用清水浸泡2小时。

❷ 将以上食材全部倒入豆浆机中，加水至上、下水位线之间，按下"米糊"键。

❸ 豆浆机提示米糊做好后，倒入碗中，加入适量的白糖，即可食用。

养生功效

木瓜所含的维生素A、维生素C等营养元素，可缓解因长期凝视电脑屏幕而引起的眼干、眼痛等症状。

消暑解渴，润肺止咳

清热解毒+平补肝肾

黄豆豆浆

材料

黄豆80克，白糖适量。

做法

❶ 黄豆洗净，用清水浸泡6～8小时。

❷ 将浸泡好的黄豆倒入豆浆机中，加水至上、下水位线之间，按下"豆浆"键。

❸ 待豆浆机提示豆浆做好后，倒出过滤，加入适量的白糖，即可饮用。

养生功效

本品为传统的豆浆，具有清热解毒、平补肝肾、延缓衰老的作用，尤其适合高血糖以及高脂血症患者食用。

疏风清热，明目解毒

润肺生津，补中益气

缓解疲劳+滋润皮肤

南瓜花生豆浆

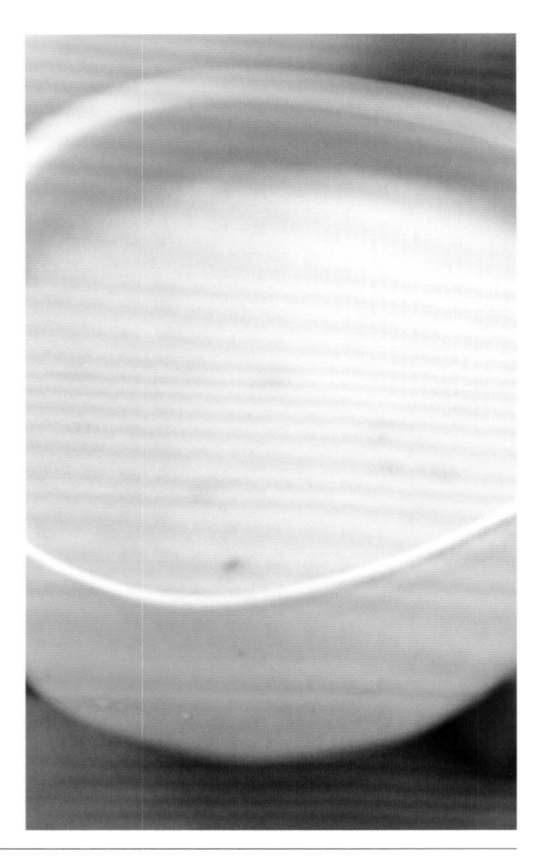

材料

南瓜30克，花生20克，黄豆50克，白糖适量。

做法

❶ 黄豆洗净，用清水浸泡 6 ~ 8 小时；花生洗净，用温水泡开；南瓜洗净，去皮去瓤，切成小块。

❷ 将以上食材全部倒入豆浆机中，加水至上、下水位线之间，按下“豆浆”键。

❸ 待豆浆机提示豆浆做好后，倒出过滤，再加入适量的白糖，即可饮用。

养生功效

此款豆浆中，南瓜含有丰富的胡萝卜素，可起到缓解眼部疲劳的作用；花生、黄豆都具有滋润皮肤的作用。

补中益气，化痰排脓

明目护眼+利水通便

大米决明子粥

材料

炒决明子15克，大米100克，冰糖适量。

做法

❶ 大米洗净，用清水浸泡 1 小时；炒决明子加水煎汤，取汁备用。

❷ 注水入锅，大火烧开，倒入大米熬煮，边煮边搅拌。

❸ 待米滚沸后，加入决明子汁，转小火慢熬至粥稠，加入适量的冰糖，待冰糖溶化后，将粥倒入碗中，即可食用。

养生功效

决明子具有明目护眼的功效，常饮用大米决明子粥还可起到利水通便的作用。

清火祛湿，益肾明目

补肾护眼+行气活血

黑豆枸杞粥

材料

黑豆60克，大米40克，枸杞子15克，红枣10颗，生姜1小块，红糖适量。

做法

❶ 黑豆、大米洗净，黑豆用清水浸泡4小时；大米用清水浸泡1小时；枸杞子、红枣用温水泡开，红枣去核；生姜洗净，去皮，切丝。

❷ 注水入锅，大火烧开，倒入黑豆煮至六成熟，加入大米、枸杞子、红枣、生姜丝同煮。

❸ 待米煮至滚沸后，转小火慢慢熬煮至豆烂粥稠，加入适量的红糖，待红糖溶化后，将粥倒入碗中，即可食用。

养生功效

黑豆、枸杞子具有补肾明目的功效。

抗辐射+保护眼睛

菊花枸杞豆浆

材料

菊花15克，枸杞子15克，黄豆70克，冰糖适量。

做法

❶ 黄豆洗净，用清水浸泡6～8小时；菊花、枸杞子用温水泡开。

❷ 将以上食材全部倒入豆浆机中，加水至上、下水位线之间，按下“豆浆”键。

❸ 待豆浆机提示豆浆做好后，倒出过滤，再加入适量的冰糖，即可饮用。

养生功效

经常饮用菊花枸杞豆浆有助于保护眼睛，尤其适宜上班族饮用。

清热消暑+缓解痤疮

绿豆豆浆

材料

绿豆80克，白糖适量。

做法

❶ 绿豆洗净，用清水浸泡6～8小时。

❷ 将浸泡好的绿豆倒入豆浆机中，加水至上、下水位线之间，按下“豆浆”键。

❸ 待豆浆机提示豆浆做好后，倒出过滤，再加入适量的白糖，即可饮用。

养生功效

绿豆具有清热解毒、消暑、利尿、祛痘的作用。

清肝明目+润燥排毒

青豆豆浆

材料

青豆80克，白糖适量。

做法

❶ 青豆洗净，用清水浸泡6～8小时。

❷ 将浸泡好的青豆倒入豆浆机中，加水至上、下水位线之间，按下“豆浆”键。

❸ 待豆浆机提示豆浆做好后，倒出过滤，再加入适量的白糖，即可饮用。

养生功效

此款豆浆以青豆制成，具有清肝明目、润燥排毒的功效，尤其适宜春季饮用。

补肝养胃，滋补强壮

润肺生津，补中缓急

清热解毒+缓解辐射

绿豆红薯豆浆

材料

绿豆50克，红薯50克，白糖适量。

做法

❶ 绿豆洗净，用清水浸泡6～8小时；红薯洗净，去皮，切丁。

❷ 将以上食材全部倒入豆浆机中，加水至上、下水位线之间，按下“豆浆”键。

❸ 待豆浆机提示豆浆做好后，倒出过滤，再加入适量的白糖，即可饮用。

养生功效

此款豆浆具有良好的解毒功效，可有效帮助机体排出多种毒素，维持身体健康。

清热解毒，消暑开胃

下气补虚，健脾开胃

脑力劳动者

脑力劳动以体力劳动强度不大而神经高度紧张为主要特征，一般来讲，教师、律师、作家、编辑、研究人员等都属于脑力劳动者。

☺食材、药材推荐

黑芝麻

紫米

小米

糯米

核桃

松子

花生

黄豆

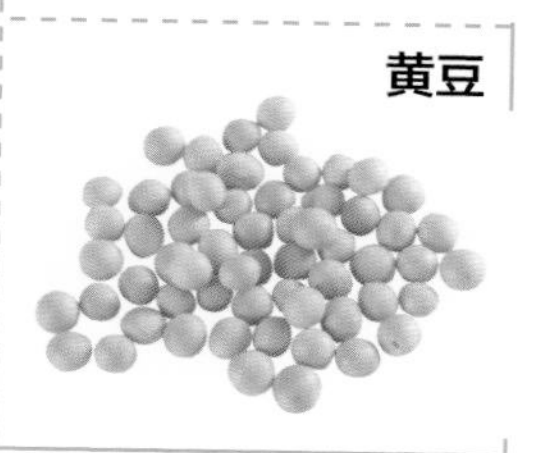

饮食原则

☑ 少糖少油 ☑ 碱性食物 ☑ 乳制品 ☑ 坚果类 ☒ 咖啡 ☒ 不吃早饭 ☒ 晚餐过晚

症因解读

长时间看电子屏幕会导致视觉异常，长时间保持久坐状态易形成不良体位，工作压力大、竞争性强会使精神无法松弛，导致身体出现各种问题。

症状表现

肌肉不适：僵硬、酸麻、刺痛感、腰背痛，头痛，以及眼干、眼痛、视力下降、结膜发红等视觉问题。严重者还会有抑郁症、心脑血管疾病，甚至“过劳死”等。

护理指南

1. 补充蛋白质，多吃大豆能增强脑血管的机能。

2. 多吃芝麻与核桃。这两种食物有“补五脏、益气力、强筋骨、健脑髓”的作用。

3. 多吃各种益脑食物。牛脑和猪脑含有大量的脑磷脂和卵磷脂。

4. 补充维生素，多吃新鲜水果和蔬菜。

5. 不要过多摄入脂肪。

食材、药材图典 • 松子

【别名】开口松子、海松子。

【性味】性温，味甘。

【归经】入肝、肺、大肠经。

【功效】滋阴润肺，美容抗衰，延年益寿。

【禁忌】大便溏泻者慎食。

【挑选】色泽红亮、个头大、内仁饱满的为佳。

健康小贴士

脑力劳动者保健

一般来说，连续工作时间不应超过2小时。在眼睛感到疲乏时，宜停下来闭目默想，然后眺望远景，做深呼吸数十次。

补血补虚+明目润燥

核桃紫米粥

材料

核桃30克，紫米50克，糯米30克，冰糖适量。

做法

❶ 紫米洗净，用水浸泡 2 小时；糯米洗净，用水浸泡 4 小时；核桃用温水泡开，压碎。

❷ 注水入锅，大火烧开，将以上食材一同倒入锅中，边煮边搅拌。

❸ 待米煮至滚沸后，转小火继续慢慢熬煮至粥稠，加入适量的冰糖，待冰糖溶化后，将粥倒入碗中，即可食用。

养生功效

本品含有多种氨基酸和矿物质，具有补血补虚、明目润燥的功效。

滋补肝肾，补气养血

补肾益气+养血润肠

松子粥

材料

松子30克，黑芝麻15克，大米100克，白糖适量。

做法

❶ 大米洗净，用清水浸泡 1 小时；松子、黑芝麻分别洗净，控干。

❷ 注水入锅，大火烧开，将以上食材一起下入锅中，边煮边搅拌。

❸ 待米煮至滚沸后，转小火继续慢慢熬煮至粥稠，加入适量的白糖，待白糖溶化后，将粥倒入碗中，调味即可。

养生功效

松子性温，味甘，具有补肾益气、养血润肠的功效。松子和黑芝麻都含有大量不饱和脂肪酸、矿物质等健脑成分，经常食用可起到增强脑细胞的作用。

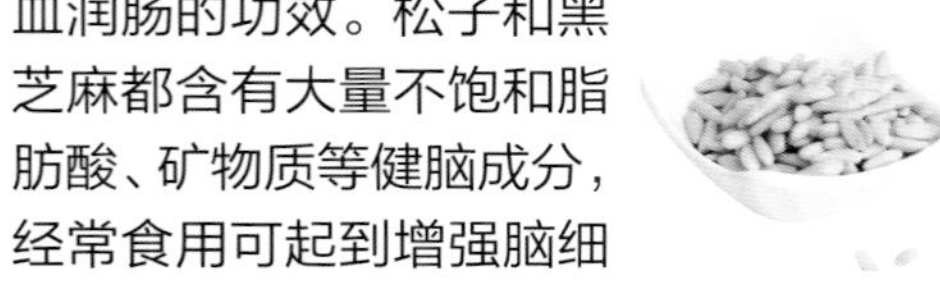

养阴熄风，润肺滑肠

补脑+增强记忆力

核桃芝麻豆浆

材料

核桃20克，黑芝麻20克，黄豆60克，白糖适量。

做法

❶ 黄豆洗净，用清水浸泡6～8小时；核桃用温水泡开；黑芝麻洗净。

❷ 将以上食材全部倒入豆浆机中，加水至上、下水位线之间，按下“豆浆”键。

❸ 待豆浆机提示豆浆做好后，倒出过滤，再加入适量的白糖，即可饮用。

养生功效

核桃、黑芝麻都是补脑佳品。此款豆浆尤其适宜补脑、增强记忆力，脑力劳动者可经常饮用。

健胃补血+润肺安神

核桃米糊

材料

大米100克，核桃50克，白糖适量。

做法

❶ 大米洗净，用清水浸泡2小时；核桃用温水泡开。

❷ 将以上食材全部倒入豆浆机中，加水至上、下水位线之间，按下“米糊”键。

❸ 待豆浆机提示米糊煮好后，倒入碗中，加入适量的白糖，即可食用。

养生功效

此款米糊不仅具有益智健脑的功效，还可健胃补血、润肺安神、延缓衰老。

滋阴补肾+健脾和胃

小米花生糊

材料

小米80克，花生30克，生姜1小块。

做法

❶ 小米洗净，用清水浸泡2小时；花生用温水泡开；生姜洗净，去皮，切丝。

❷ 将以上食材全部倒入豆浆机中，加水至上、下水位线之间，按下“米糊”键。

❸ 待豆浆机提示米糊煮好后，倒入碗中，即可食用。

养生功效

此款米糊不仅能缓解脑力疲劳，还具有滋阴补肾、健脾和胃、润肺清热的功效。

体力劳动者

体力劳动者的健康与劳动条件和劳动环境有密切的关系。其工作环境与工作场所常存在物理和化学等有害因素，相关疾病的患病率明显增高。

☺食材、药材推荐

饮食原则

☑ 补充水分和矿物质　☑ 高热量　☑ 豆类　☑ 坚果类　☒ 酗酒　☒ 饮食单一　☒ 饥饿劳动

症因解读

高温环境下工作，人体大量出汗，体内水、矿物质等丢失，消化功能下降，能量代谢增加，易发生中暑。低温环境下，机体抵抗力下降，应激能力差。

症状表现

长期在噪声环境下工作，会造成听觉器官受损，甚至发生噪声性耳聋。长期在粉尘环境下作业，在生产劳动中吸入大量的粉尘，会引起肺部疾病。

护理指南

1. 注意饮食搭配及营养的均衡。饮食不应单一，要多样化，以免造成营养失调。适量吃猪肉、鸡肉、鱼肉、鸭肉等食物。

2. 应注意补充水分。在劳动过程中，汗液不断排出体外，因此应注意为身体补水。

3. 劳动结束后宜休息半小时再进餐。多吃樱桃、石榴、苦瓜、牛奶、鸡蛋、豆制品等食物。

食材、药材图典 • 茴香

【别名】怀香、香丝菜、小茴香、谷茴香、香子。
【性味】性温，味辛。
【归经】入肾、膀胱、胃经。
【功效】健胃，散寒，行气，止痛。
【禁忌】有实热、虚火者不宜。
【挑选】以外表黄绿色、果实干燥、扁平、椭圆形为佳。

健康小贴士

体力劳动者保健

不同体力劳动者宜选择不同的锻炼活动，有目的地进行锻炼，缓解肌肉疲劳，活动没有经常运动的肌肉，使全身处于良好的状态。

恢复体力+止咳平喘

杏仁榛子豆浆

材料

杏仁20克，榛子仁15克，黄豆60克，白糖适量。

做法

❶ 黄豆洗净，用清水浸泡6～8小时；杏仁用温水泡开；榛子仁洗净。

❷ 将以上食材全部倒入豆浆机中，加水至上、下水位线之间，按下“豆浆”键。

❸ 待豆浆机提示豆浆做好后，倒出过滤，再加入适量的白糖，即可饮用。

养生功效

杏仁性微温，味苦，具有止咳平喘的功效。杏仁和榛子仁富含油脂，有助于人体对脂溶性维生素的吸收，进而起到恢复体力的作用。

补充能量，润肠通便

补肾健脾+润肠通便

腰果花生糊

材料

大米100克，腰果30克，花生30克，白糖适量。

做法

❶ 大米洗净，用清水浸泡2小时；腰果、花生分别用清水泡开。

❷ 将以上食材全部倒入豆浆机中，加水至上、下水位线之间，按下“米糊”键。

❸ 待豆浆机提示米糊做好后，倒入碗中，加入适量白糖，即可食用。

养生功效

此款米糊具有补肾健脾、润肠通便的功效，但花生和腰果的油脂含量都比较高，胆囊功能不良者应少食。

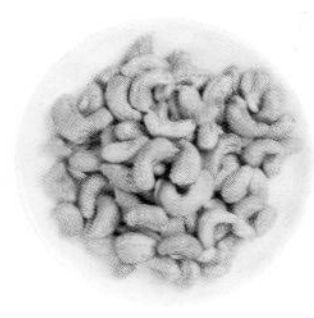

补脑养血，补肾健脾

滋阴补血+增强体质

咸蛋鸭肉粥

材料

熟咸蛋1个，鸭肉50克，芹菜20克，大米100克，葱花、盐各适量，高汤500毫升。

做法

❶ 大米洗净，用清水浸泡1小时；鸭肉切薄片；熟咸蛋去皮，切成碎丁；芹菜洗净，切成小段。

❷ 高汤与适量的清水同煮，倒入大米煮至滚沸后转小火熬煮20分钟。

❸ 加入鸭肉片、熟咸蛋丁、芹菜段同煮约10分钟，撒上葱花，再加入适量的盐，待盐溶化后，将粥倒入碗中，即可食用。

养生功效

此款鸭肉粥可滋阴补血、增强体质。

缓解疲劳+增强体质

花生杏仁黄豆糊

材料

黄豆80克，花生50克，杏仁20克，白糖适量。

做法

❶ 黄豆洗净，用清水浸泡6～8小时；花生、杏仁用温水泡开。

❷ 将以上食材全部倒入豆浆机中，加水至上、下水位线之间，按下"米糊"键。

❸ 待豆浆机提示黄豆糊做好后，倒入碗中，加入适量的白糖，即可食用。

养生功效

此款花生杏仁黄豆糊具有快速补充体能及减轻身体疲劳感的功效。

缓解酸痛+开胃进食

茴香大米粥

材料

茴香30克，大米100克，盐适量。

做法

❶ 大米洗净，用水浸泡1小时；茴香洗净，一部分加水煎煮，取汁备用，剩余部分切末。

❷ 锅中加水，大火烧开，倒入大米煮至滚沸后，加入茴香汁转小火慢熬。

❸ 待粥煮至九成熟时，加入茴香末和适量的盐同煮片刻，盛出，即可食用。

养生功效

此款茴香大米粥可起到开胃以及缓解肌肉酸痛的作用，但有实热、虚火者不宜食用。

常饮酒者

经常饮酒可对人体造成伤害，酒中含有的酒精会强烈刺激食道和胃肠道黏膜，不仅容易引起或加重胃溃疡，甚至还有可能引发食道癌、肠癌和肝癌等疾病。尤其是在空腹状态下大量饮酒，对消化道黏膜的损伤更严重。

☺食材、药材推荐

莲子	花生	青豆	酸奶
牛奶	苹果	猕猴桃	猪肝

饮食原则

☑ 蔬果汁　☑ 维生素 C　☑ 动物肝脏　☑ 滋阴食品　☒ 高脂肪辛辣食物　☒ 熏烤食物

症因解读

当血液中酒精浓度达到 0.05%时，可使人兴奋；酒精浓度达到 0.1%时，可使人兴奋过度而失去自制能力；当酒精浓度达到 0.2%时，人就会变得烂醉如泥。

症状表现

短时间大量饮酒，可导致酒精中毒，会引起黏膜充血、肿胀和糜烂，导致食管炎、胃炎、溃疡病，还会使心率加速，血压急剧上升。

护理指南

1. 在饮酒前，先吃一些淀粉类食物，以减少酒精的吸收。若有宿醉的情形，可以饮用绿茶，以缩短宿醉的时间。

2. 平日饮食要多吃菠菜、苋菜等绿叶蔬菜，减少因 B 族维生素的缺乏，引起神经炎的症状。

3. 由于酒精会造成钙质的流失，所以每天早餐或睡前，甚而饮酒前可以喝酸奶，除补充钙质外，也可以平衡胃肠道的益生菌。

食材、药材图典 • 猪肝

【性味】性温，味甘、苦。

【归经】入脾、胃、肝经。

【功效】补肝明目，补气健脾。

【禁忌】患有高血压、冠心病、肥胖症及血脂高的人忌食猪肝，因为其胆固醇含量较高。忌食有病而变色或有结节的猪肝。

【挑选】表面有光泽、颜色紫红均匀，用手触摸有弹性，无硬块、水肿、脓肿的为佳。

解酒+保护胃黏膜

猪肝牛奶米糊

材料

大米100克，猪肝50克，牛奶100毫升，白糖适量。

做法

❶ 大米洗净，用清水浸泡 2 小时；猪肝洗净，切成碎丁，入沸水焯去污血，捞起沥干。

❷ 将以上食材加上牛奶全部倒入豆浆机中，加水至上、下水位线之间，按下“米糊”键。

❸ 待豆浆机提示米糊做好后，倒入碗中，加入适量的白糖，即可食用。

养生功效

此款米糊中，猪肝具有排毒明目、补血的作用，还能提高机体解酒的能力，牛奶、白糖混合食用，有助于保护胃黏膜。

补肝明目，养血益气

调中理气，生津润燥

保护胃黏膜+醒酒

酸奶水果豆浆

材料

酸奶150毫升，苹果1个，猕猴桃1个，黄豆50克，白糖适量。

做法

❶ 黄豆洗净，用清水浸泡 6 ~ 8 小时；苹果洗净，去皮切块；猕猴桃洗净，去皮切块。

❷ 将以上食材和酸奶一起倒入豆浆机中，加水至上、下水位线之间，按下“豆浆”键。

❸ 待豆浆机提示豆浆做好后，加入适量白糖，即可饮用。

养生功效

酸奶有保护胃黏膜免受酒精刺激的作用；猕猴桃和苹果具有醒酒的功效。此款豆浆适合饮酒者饮用。

开胃醒酒+美容养颜

苹果粥

材料

苹果1个，大米100克，蜂蜜适量。

做法

❶ 大米洗净，用清水浸泡1小时；苹果洗净，去皮去核，切成小块备用。

❷ 锅中加水，大火烧开，下大米熬煮，边煮边适当翻搅。

❸ 待米煮至翻滚，加入苹果块，转小火慢熬至米软粥稠，再加入适量蜂蜜，待蜂蜜全部溶化，将粥倒入碗中，即可食用。

养生功效

苹果性偏凉，味甘、酸，具有开胃醒酒的功效，同时还可起到缓解宿醉引起的口渴、咽干、心烦等。其中的膳食纤维能促进胃肠蠕动，促进肠道和胃的消化吸收。

润肺止咳，预防便秘

补虚损+安神静心

莲子花生米糊

材料

大米50克，莲子20克，花生20克，白糖适量。

做法

❶ 大米洗净，用水浸泡2小时；莲子用水浸泡，去衣、去芯；花生去衣，再用温水泡开。

❷ 将以上食材全部倒入豆浆机中，加水至上、下水位线之间，按下“米糊”键。

❸ 米糊煮好后，加入适量白糖，即可食用。

养生功效

莲子、花生都具有补益虚损的功效，同时莲子还具有安神静心的功效。此款米糊适宜酒后以及烦躁者食用。

补脾止泻，养心安神

常吸烟者

吸烟不仅会增加患肺病、肺癌的概率，也易导致高血压、冠心病、十二指肠溃疡等疾病。女性吸烟还容易产生月经紊乱、雌激素低下、受孕困难、宫外孕、更年期提前等状况。

☺食材、药材推荐

黄芪	百合	银耳	薏米
糯米	花生	红薯	莲藕

饮食原则

☑ 高纤维 ☑ 含硒食物 ☑ 新鲜蔬果 ☑ 润肺食物 ☒ 饱和脂肪酸食物 ☒ 高胆固醇 ☒ 甜点

症因解读

吸烟会导致男性阳痿。吸烟更易影响女性生理，女性吸烟者会出现月经紊乱、流产、绝经提前等症状，并使绝经后的骨质疏松症状更加严重。

症状表现

吸烟与唇癌、舌癌、口腔癌、食道癌、胃癌、结肠癌、肾癌和子宫颈癌的发生都有一定关系。吸烟者患冠心病、高血压、脑血管病及周围血管病的概率均明显升高。

护理指南

1. 多食用一些富含维生素的食物，如牛奶、胡萝卜、花生、白菜等，这样既可补充因吸烟所引起的维生素缺乏，又可增强人体的自身免疫功能。

2. 宜经常多喝茶，以减少吸烟所带来的患病风险。

3. 应经常多吃一些含硒、铁元素的食物。

食材、药材图典 • 黄芪

【别名】棉芪、黄耆、独椹、蜀脂、百本。

【性味】性微温，味甘。

【归经】归肺、脾、肝、肾经。

【功效】益气固表、敛汗固脱、托疮生肌、利水消肿。

【禁忌】表实邪盛、气滞湿阻、食积停滞、痈疽初起或溃后热毒尚盛等实证，以及阴虚阳亢者，均须禁服。

【挑选】形状粗长、皱纹少、质坚而绵、粉性足、味甜者为佳。

养血补气+清肺热

黄芪大米米糊

材料

黄芪20克，大米100克，盐适量。

做法

❶ 大米洗净，用清水浸泡2小时；黄芪加水炖煮半小时，取汁备用。

❷ 将浸泡好的大米和黄芪汁全部倒入豆浆机中，加水至上、下水位线之间，按下“米糊”键。

❸ 待豆浆机提示米糊做好后，倒入碗中，加入适量的盐，即可食用。

养生功效

此款黄芪大米粥具有养血、补肺气、清肺热的作用，但气滞湿阻、食积停滞、痈疽者应忌食。

益气固表，保肝利尿

清心润肺+解毒祛热

百合莲藕绿豆浆

材料

百合20克，莲藕30克，绿豆50克，白糖适量。

做法

❶ 绿豆洗净，用清水浸泡6～8小时；百合用温水泡开；莲藕洗净，去皮，切成小块备用。

❷ 将以上食材全部倒入豆浆机中，加水至上、下水位线之间，按下“豆浆”键。

❸ 待豆浆机提示豆浆做好后，倒出过滤，再加入适量的白糖，即可饮用。

养生功效

此款豆浆具有清心润肺、解毒祛热、滋阴生血的功效，尤其适宜常吸烟者饮用。

养心安神，润肺止咳

清热生津，凉血止血

滋阴润肺+强精补肾

枸杞银耳粥

材料

银耳2朵，糯米100克，枸杞子5克，冰糖适量。

做法

① 糯米洗净，清水浸泡4小时；银耳用温水泡发，去蒂，撕成小朵；枸杞子用温水泡开。

② 锅中加水，大火烧开，倒入糯米和银耳同煮，边煮边搅拌。

③ 待米煮至滚沸，加入枸杞子转小火慢熬至米软粥稠，加入适量的冰糖调味，待冰糖溶化后，将粥倒入碗中，即可食用。

养生功效

此粥除了具有滋阴润肺、化痰功效，同时还具有强精补肾、活血润肠、强心壮身、美容润肤的功效。

润肠通便+清理肠道

红薯米糊

材料

红薯50克，大米20克，糯米20克，白糖适量。

做法

① 大米、糯米分别洗净，用清水浸泡2小时；红薯洗净，去皮，切成小块备用。

② 将以上食材全部倒入豆浆机中，加水至上、下水位线之间，按下“米糊”键。

③ 待豆浆机提示米糊做好后，将米糊倒入碗中，加入适量白糖，即可食用。

养生功效

红薯含有大量食用纤维，可起到润肠通便的作用，有助于肠胃的健康。

下气补虚，健脾开胃

温补五脏，收敛止汗

常在外就餐者

上班族为了快捷方便都有在外就餐的习惯，若单独在外就餐则进餐变得单一，不能均衡地摄入多种营养，若多人聚餐则又容易进食过多的油腻荤腥，埋下患心血管疾病的隐患。

☺食材、药材推荐

燕麦

花生

银耳

扁豆

紫薯

南瓜

苹果

鲈鱼

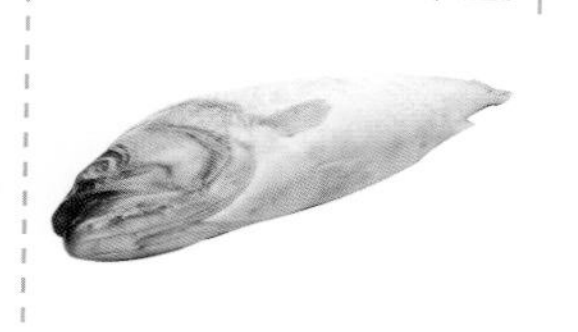

饮食原则

☑ 绿叶蔬菜 ☑ 高纤维食物 ☑ 晨起一杯蜂蜜水 ☒ 烟酒 ☒ 辛辣 ☒ 高脂高油 ☒ 饮食不规律

症因解读

在外就餐频率越高，身体脂肪含量越高。在外就餐容易引发肥胖、痛风、高血压、糖尿病等疾病。

症状表现

在外就餐会因缺乏蔬菜和水果的摄入，导致身体的健康状况直线下降，甚至引发各种疾病。营养比例严重失调，也会致使很多年轻人情绪不稳定，罹患抑郁症。

护理指南

1. 先吃主食。若先吃菜会使得身体能量主要来自脂肪和蛋白质，易在代谢过程中产生有害物质。若有清淡的主食相伴，则会减小危害。

2. 多吃蔬菜和豆制品。

3. 不点煎炸食品和高脂肪菜肴，多点相对清淡的菜肴，如凉拌菜、清蒸菜、炖菜、汤菜等。

4. 少喝酒。酒量好的人并非对酒有天然抵抗力，他们的身体会更多地受到酒精危害。

食材、药材图典 • 紫薯

【别名】黑薯、苕薯。

【性味】性平，味甘，无毒。

【归经】入胃、肝经。

【功效】促进肠道蠕动，增强免疫力。

【禁忌】湿阻脾胃、气滞食积者应慎食。

【挑选】表皮偏紫黑色，光滑，放在手上质感重，纺锤形状，无虫蛀的为佳。

健康小贴士

在外就餐注意事项

尽量选择用蒸、炖、煮等方法烹调的菜肴，避免点煎炸食品和高脂肪菜肴，以免摄入过多的油脂，对健康产生不利影响。

润肠清肠+保护肠道

苹果燕麦豆浆

材料

苹果1个，生燕麦片30克，黄豆50克，白糖适量。

做法

❶ 黄豆洗净，用清水浸泡6～8小时；生燕麦片洗净，用清水浸泡半小时；苹果洗净，去皮去核，切成小块备用。

❷ 将以上食材全部倒入豆浆机中，加水至上、下水位线之间，按下“豆浆”键。

❸ 待豆浆机提示豆浆做好后，倒出过滤，再加入适量白糖，即可饮用。

养生功效

苹果、燕麦都具有润肠清肠的功效，二者同打成豆浆，常饮用可起到维持肠道健康的作用。但需要注意，有可能会升高体内的尿酸，所以痛风患者慎用。

生津止渴，润肺除烦

改善便秘+平稳血脂

南瓜红薯玉米粥

材料

南瓜50克，红薯50克，鲜玉米粒30克，大米50克，盐适量。

做法

❶ 大米用清水浸泡1小时；南瓜洗净，去皮去瓤，切块；红薯去皮，切块；鲜玉米粒洗净。

❷ 锅中加水，大火烧开，将所有食材一起倒入锅中，待米煮得滚沸后，转小火继续慢熬至米软粥稠，加入盐调味，继续熬煮5分钟后，即可食用。

养生功效

南瓜、红薯等都含有大量膳食纤维，经常食用此粥可起到改善在外就餐造成的便秘、高脂血症的作用。

下气补虚，健脾开胃

润肠通便+延缓衰老

紫薯银耳粥

材料

紫薯100克，银耳3朵，红枣5颗，大米20克，冰糖适量。

做法

❶ 大米洗净，用清水浸泡1小时；紫薯洗净，去皮，切小块；银耳用温水泡发，去蒂，撕成小朵；红枣用温水泡开，去核。

❷ 锅中加水，大火烧开，将以上食材一起入锅同煮，边煮边搅拌。

❸ 待煮至滚沸，转小火继续熬至粥稠，加入适量的冰糖调味，待冰糖溶化后，将粥倒入碗中，即可食用。

养生功效

此粥除了具有润肠通便的作用，还具有延缓衰老、美肤润肤的作用。

调节肠道+提高免疫力

鲈鱼杂粮米糊

材料

鲈鱼肉50克，大米50克，荞麦25克，黄豆25克，料酒适量，盐适量。

做法

❶ 鲈鱼肉加料酒腌制；大米、荞麦、黄豆分别洗净，黄豆浸泡6～8小时；大米、荞麦浸泡2小时。

❷ 将以上食材倒入豆浆机中，加水至上、下水位线之间，按下“米糊”键，待米糊煮好后，加入适量盐，即可食用。

养生功效

此款米糊有调节肠道功能的作用，多食有益身体健康。

美容养颜+解腻清脂

五谷豆浆

材料

黑豆20克，青豆20克，黄豆20克，扁豆20克，花生20克，白糖适量。

做法

❶ 黄豆、黑豆、青豆分别用清水浸泡6～8小时；扁豆洗净切碎；花生用温水泡开。

❷ 将以上食材倒入豆浆机中，加水至上、下水位线之间，按下“豆浆”键，待豆浆做好后，倒出过滤，加入白糖，即可饮用。

养生功效

此款豆浆具有解腻清脂、美容养颜的作用。

第六章

米糊豆浆杂粮粥防病祛病

食物的养生功效在临床医学上有着独特作用，千百年来，备受众多养生者的钟情。合理饮食不仅可以给身体补充营养，而且还能达到祛病强身的目的，这也从侧面证实了药物和食物相互为用的“药食同源，药食互用，药食互补”的关系。因此，我们在享用美味佳肴的同时，还能对身体上的诸多问题产生调养的效果。

感冒

普通感冒俗称“伤风”，是急性上呼吸道病毒感染中最常见的病种，多呈自限性，但发生率高，影响人群面广量大，部分患者会引起多种并发症。该病大多散发，冬、春季节，季节交替时多发。

☺食材、药材推荐

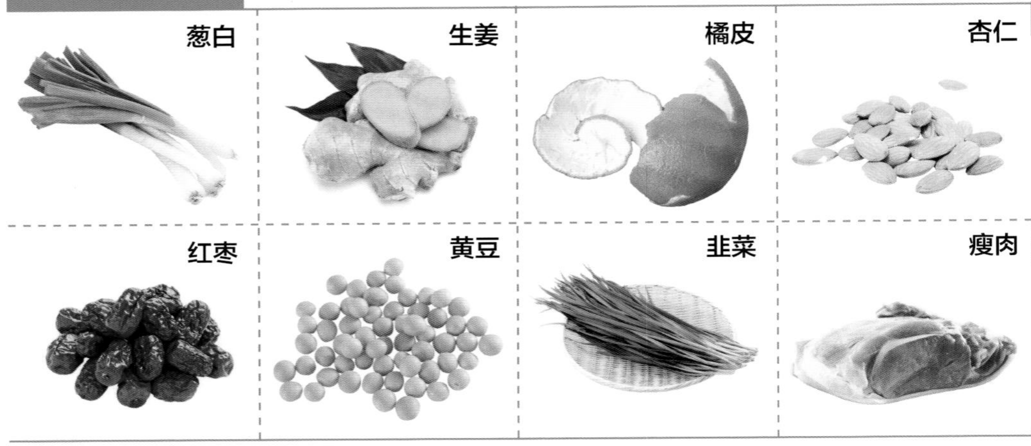

饮食原则

☑ 辛味食物　☑ 优质蛋白　☑ 维生素C　☑ 各种矿物质　☒ 寒凉食物　☒ 油腻　☒ 海产品

症因解读

各种病毒和细菌都可以引起上呼吸道感染。身体防御能力差、营养不良或缺乏锻炼，都会导致上呼吸道黏膜失去抵抗力，病毒乘机侵入，引起感冒。

症状表现

眼结膜充血、流泪、畏光、眼睑肿胀、咽喉黏膜水肿。鼻腔分泌物初始为大量水样清涕，后会变为黏液性或脓性。

护理指南

1. 适量摄入鸡肉、牛肉、鱼肉等富含蛋白质的肉类。

2. 宜多饮凉白开。

3. 饮食宜清淡稀软，因感冒患者脾胃功能常受影响，稀软清淡的食物易于消化吸收，可减轻脾胃负担，故宜食流质食物为主。

4. 多吃富含维生素的水果与蔬菜，如油菜、苋菜、空心菜、菠菜、茭白、西瓜、冬瓜、丝瓜等。

食材、药材图典 • 橘皮

【别名】陈皮。

【性味】性温，味辛、苦。

【归经】入脾、肺经。

【功效】理气健脾，燥湿化痰。

【禁忌】气虚体燥、阴虚燥咳、吐血及内有实热者慎服。不宜与半夏、南星同用，不宜与温热香燥的药材同用。

【挑选】年份短的橘皮内表面呈雪白、黄色，外表皮呈橘红或暗红色，年份长的橘皮内表面是古红色或棕红色，外表皮是棕褐色或黑色。

预防感冒+燥湿化痰

橘皮杏仁豆浆

材料

橘皮15克，杏仁30克，黄豆50克，白糖适量。

做法

❶ 黄豆洗净，用清水浸泡 6 ~ 8 小时；杏仁用温水泡开；橘皮用温水泡开，切碎备用。

❷ 将以上食材全部倒入豆浆机中，加水至上、下水位线之间，按下“豆浆”键。

❸ 待豆浆机提示豆浆做好后，倒出过滤，再加入适量白糖，即可饮用。

养生功效

理气健脾，燥湿化痰

橘皮性温，味辛、苦，具有理气健脾、调中、燥湿化痰的功效。此款豆浆可起到预防普通感冒和流行性感冒的作用。

发散风寒，解毒杀虫

发散风寒，化痰止咳

发汗散寒+预防感冒

葱白生姜糯米糊

材料

糯米100克，葱白30克，生姜1小块，醋适量。

做法

❶ 糯米洗净，用清水浸泡 4 小时；葱白加水煎煮半小时，取汁；生姜洗净，去皮，切丝。

❷ 将以上食材全部倒入豆浆机中，加水至上、下水位线之间，按下“米糊”键。

❸ 待米糊煮好后，倒入碗中，加入适量的醋，即可食用。

养生功效

葱白性温，味辛，与生姜搭配食用具有发汗散寒的功效，也可起到辅助调理感冒的作用。

加快循环+预防感冒

生姜红枣豆浆

材料

生姜1小块，红枣10颗，黄豆60克，红糖适量。

做法

❶ 黄豆洗净，用清水浸泡 6 ~ 8 小时；红枣用温水泡开，去核；生姜洗净，去皮，切成薄片。

❷ 将以上食材全部倒入豆浆机中，加水至上、下水位线之间，按下“豆浆”键。

❸ 待豆浆机提示做好，倒出过滤后，调入适量红糖即可。

养生功效

此款豆浆具有促进血液循环的作用。

预防感冒

韭菜瘦肉米糊

材料

韭菜50克，猪瘦肉20克，大米100克，盐适量。

做法

❶ 韭菜去黄叶，洗净，切碎；瘦肉洗净，焯水切碎；大米洗净，用清水浸泡 2 小时备用。

❷ 将以上食材全部倒入豆浆机中，加水至上、下水位线之间，按下“米糊”键。

❸ 豆浆机提示米糊煮好后，倒入碗中，加入适量的盐，即可食用。

养生功效

韭菜具有温中散寒、活血温阳的功效。风寒感冒的人群适合食用此米糊。

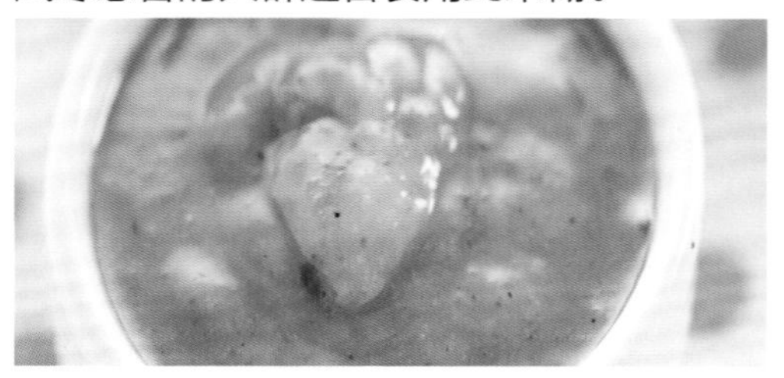

祛除寒气+预防感冒

葱白大米粥

材料

葱白30克，大米100克，盐适量。

做法

❶ 大米洗净，用清水浸泡 1 小时；葱白洗净，切成段备用。

❷ 锅中加水，大火烧开，倒入大米熬煮，边煮边搅拌。

❸ 待米煮开，转小火熬至八成熟，加入葱白段，同煮至粥成，再加入适量盐，待盐溶化后，将粥倒入碗中，即可食用。

养生功效

初受风寒时，食用此款葱白大米粥可以起到驱逐体内寒气，预防风寒感冒的作用。

补益脾胃+增强免疫力

山药扁豆粥

材料

鲜山药30克，白扁豆15克，粳米30克，白糖适量。

做法

❶ 粳米、白扁豆分别洗净，用水浸泡2～3小时，捞出，沥干水分，放入砂锅中。

❷ 砂锅置于火上，倒入适量水，大火煮沸后转小火熬煮至八成熟。

❸ 山药去皮，洗净，捣成泥状，加入砂锅中拌匀煮熟，调入适量白糖即可。

养生功效

山药有益肺止咳的功效；扁豆有健脾化湿的功效，二者合熬为粥，有增强人体免疫力和补益脾胃的功效，适宜风寒引起的感冒患者食用。适用于脾虚呕逆、食少久泄、肾虚消渴、遗精、小便频数等症。

健脾胃，益肺肾

益脾养胃，消凉散结

发汗散寒+预防感冒

芋头香菇粥

材料

芋头35克，猪肉、香菇、虾米、盐、鸡精、芹菜、大米各适量。

做法

❶ 香菇用清水洗净泥沙，切片。猪肉洗净，焯水切末。芋头洗净，去皮，切小块。芹菜洗净切粒。虾米用水稍泡洗净，捞出。大米淘净，用清水浸泡1小时。

❷ 锅中加入适量水，放入大米烧开，改中火，下入其余除芹菜粒外的原材料，煮至粥将成时，加适量的盐、鸡精调味，撒入芹菜粒即可。

养生功效

芋头有益胃宽肠、散结和理气化痰的功效。香菇有益气补虚、健脾和胃、改善食欲的功效。此粥能适当改善风寒引起的感冒等症。

咳嗽

中医认为，咳嗽是因外感六淫、脏腑内伤，影响于肺所致有声有痰之症。西医认为，咳嗽是人体的一种保护性呼吸反射动作。咳嗽常给患者带来较大的痛苦，如胸闷、咽痒、气喘等，咳嗽可伴随咳痰。

☺食材、药材推荐

饮食原则

☑ 滋阴食物　☑ 白色食物　☑ 清淡饮食　☑ 多饮水　☒ 辛辣　☒ 煎炸食物　☒ 烟酒

症因解读

吸入异物、呼吸道感染、食物过敏、气候变化、精神因素、剧烈运动、药物等都会引发咳嗽。

症状表现

咳嗽伴有咳痰，称为湿性咳嗽，常见于慢性支气管炎、支气管扩张、肺炎、肺脓肿等。发作性咳嗽可见于百日咳、支气管哮喘等。长期慢性咳嗽多见于慢性支气管炎、支气管扩张、肺脓肿及肺结核。常是许多复杂因素综合作用的结果。

护理指南

1. 补充营养与水分。要保证足够的水分摄入，选择高蛋白、高营养、清淡易消化的流食、半流食。

2. 补充维生素含量较高的食物，特别是含维生素 C、维生素 A、维生素 E 的果蔬，能促进损伤的呼吸道黏膜修复，以及肺部炎症的吸收。

3. 风寒咳嗽饮食宜温热，可饮用姜糖水、杏仁粥等。风热咳嗽宜食梨粥、藕粥。燥热咳嗽宜食雪梨、甘蔗，以润肺止咳。

食材、药材图典 • 生姜

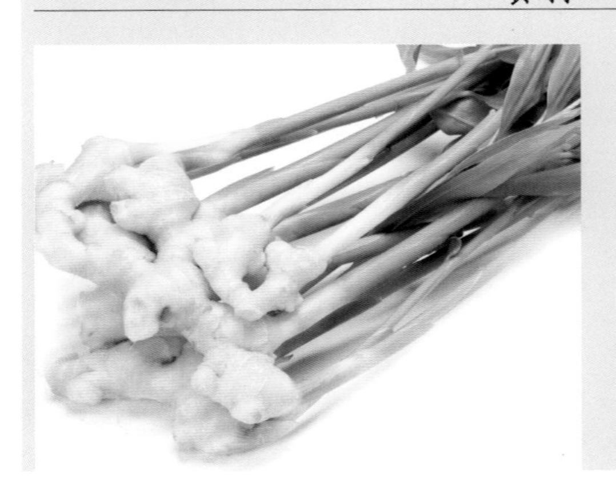

【别名】姜皮、姜、姜根、百辣云。

【性味】性微温，味辛。

【归经】归肺、脾、胃经。

【功效】温肺止咳，发汗解表。

【禁忌】阴虚火旺、目赤内热者，患有肺炎、肺结核、胃溃疡、胆囊炎、痔疮者忌食。腐烂生姜产生的毒素可致癌，应忌食。

【挑选】纹理鲜明、外皮粗糙、颜色淡黄、辛辣味强、有香味。掰开后内部丝状物呈亮白色的为佳。

补虚养肺+缓解肺结核

百合粥

材料

百合40克，红枣5颗，大米100克，冰糖适量。

做法

❶ 大米洗净，用清水浸泡1小时；百合、红枣分别用温水泡开备用。

❷ 锅中加水，大火烧开，倒入大米熬煮，边煮边搅拌。米煮开后，加入百合、红枣同煮，待米再次煮开，加入适量冰糖即可。

养生功效

本品比较适合由体虚肺弱引起的肺结核患者食用。

化痰止咳+散寒温中

杏仁生姜橘皮米糊

材料

大米80克，杏仁20克，橘皮15克，生姜1块，红糖适量。

做法

❶ 大米洗净，用水浸泡2小时；杏仁用温水泡开；橘皮、生姜加水煎煮半小时，取汁备用。

❷ 将以上食材倒入豆浆机中，加水至上、下水位线之间，按下“米糊”键。待米糊煮好后，倒入碗中，加入适量红糖，即可食用。

养生功效

本品具有化痰止咳、调和脾胃的功效。

缓解肺燥+消炎止咳

白果黄豆豆浆

材料

白果10克，黄豆80克，白糖适量。

做法

❶ 黄豆洗净，用清水浸泡6～8小时；白果去壳，取肉，用温水泡开。

❷ 将以上食材全部倒入豆浆机中，加水至上、下水位线之间，按下“豆浆”键。

❸ 待豆浆机提示豆浆做好后，倒出过滤，再加入适量白糖，即可饮用。

养生功效

此款豆浆对肺燥引起的干咳有较强的改善作用，但白果有微毒，不宜过量食用，且儿童饮用时须谨慎。

化痰止咳+滋阴润燥

雪梨银耳川贝米糊

材料

大米80克，银耳1朵，雪梨1个，川贝5颗，白糖适量。

做法

❶ 大米用清水浸泡 2 小时；银耳、川贝分别用温水泡发；雪梨洗净，去皮去核，切小块。

❷ 将以上食材全部倒入豆浆机中，加水至上、下水位线之间，按下“米糊”键。

❸ 米糊煮好后，加入白糖，即可食用。

养生功效

此款米糊中，川贝具有止咳化痰的功效，银耳、雪梨具有较强的滋阴润燥作用。

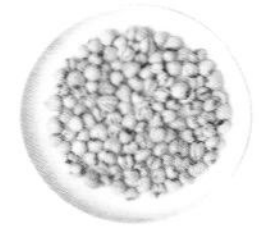

润肺止咳，化痰平喘

补脾开胃，滋阴润肺

安神清心+止咳去火

莲子大米粥

材料

莲子50克，枸杞子10克，大米80克，冰糖适量。

做法

❶ 大米洗净，用清水浸泡 1 小时；莲子用温水泡开，去衣、去芯；枸杞子用温水泡开。

❷ 锅中加水，大火烧开，倒入大米、莲子同煮，边煮边搅拌。

❸ 待大米煮开后，加入枸杞子转小火熬至米软粥稠，再加入适量冰糖，待冰糖溶化后，倒入碗中，即可食用。

养生功效

此粥除了具有安神、清心的功效外，还具有止咳去火的作用，是一款固气养元的粥品。

补脾止泻，养心安神

养肝滋肾，润肺补虚

补中养胃+润肺止咳

牛肉南瓜粥

材料

牛肉120克，南瓜100克，大米、盐、味精、生抽、葱花各适量。

做法

❶ 南瓜洗净，去皮去瓤，切丁；大米淘净；牛肉洗净，切片，用盐、味精、生抽腌制备用。

❷ 锅中加水，放入大米、南瓜丁，旺火烧沸，转中火熬煮至米粒软散。

❸ 加入牛肉片，转小火待粥熬出香味，加盐调味，撒上葱花即可。

养生功效

南瓜有调整糖代谢、增强机体免疫力的功效；牛肉有强健筋骨的功效；大米有补中养胃、益精强志、和五脏等功效。此粥有润肺止咳的功效。

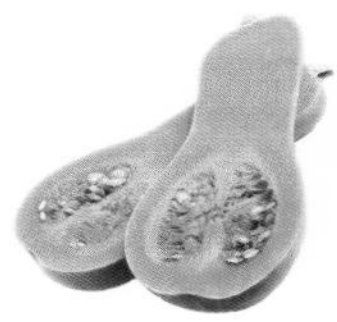

补中益气，化痰排脓

调中和胃+缓解咳嗽

鸭肉玉米粥

材料

红枣5颗，鸭肉50克，玉米粒20克，大米100克，食用油、鲜汤、料酒、姜末、盐、葱花、芝麻油各适量。

做法

❶ 红枣洗净，去核，切成小块；大米、玉米粒淘洗干净；鸭肉洗净，切块，用料酒腌制片刻。

❷ 油锅烧热，放入鸭肉块过油，倒入鲜汤，放入大米、玉米粒，旺火煮沸，加入红枣块、姜末，熬煮30分钟。

❸ 转小火，待粥熬出香味，加盐调味，淋上芝麻油，撒上葱花即可。

养生功效

鸭肉适合营养不良、水肿、低热、虚弱等人群食用。玉米能调中和胃。此粥在一定程度上具有缓解咳嗽的作用。

开胃利胆，通便利尿

口腔溃疡

口腔溃疡指的是发生在口腔黏膜上的浅表性溃疡，溃疡面可由米粒至黄豆大小，病情具有反复性、周期性等特点。口腔溃疡发作时疼痛剧烈，局部灼痛明显，严重者还会影响饮食、说话，对日常生活造成极大困扰。

☺食材、药材推荐

荠菜　菠菜　胡萝卜

蒲公英

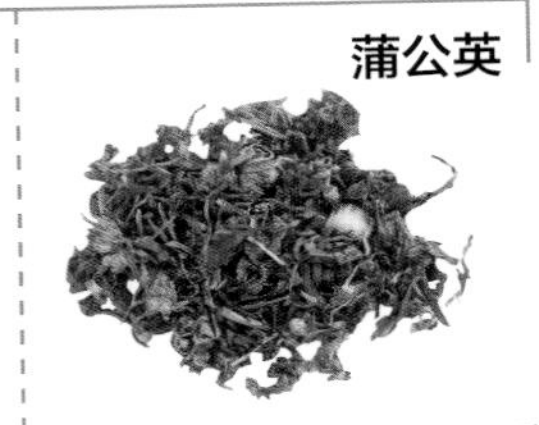

地黄

乌梅

绿豆

小米

饮食原则

☑ 清淡饮食　☑ 新鲜水果　☑ 滋阴食物　☒ 高盐　☒ 油炸　☒ 辛辣　☒ 烟酒　☒ 生冷食物

症因解读

口腔溃疡与免疫、遗传以及其他一些疾病或症状有关，比如消化系统疾病胃溃疡、十二指肠溃疡，睡眠不足、过度疲劳、精神紧张、工作压力大、月经周期的改变等。

症状表现

轻型口腔溃疡形成后有较剧烈的烧灼痛，在接触有刺激性的食物时更甚。口炎型口腔溃疡有剧烈疼痛，可伴头痛、发热、局部淋巴结肿大等症。

护理指南

1. 多食含锌食物，以促进创面愈合。比如牡蛎、动物肝脏等。

2. 多吃富含维生素的食物，有利于口腔溃疡的愈合。

3. 多喝凉白开，尽可能避免刺激。饮食要软、易消化，重者可食用半流质食物。多吃新鲜清淡的菜肴，忌食膏粱厚味之物。

4. 忌食辛辣、香燥、温热、动火的食物，忌食酒、咖啡及其他刺激性饮料。

食材、药材图典 • 蒲公英

【别名】蒲公草、婆婆丁、金簪草、鹁鸪英、苦须、鬼灯笼。

【性味】性寒，味苦、甘。

【归经】入肝、胃经。

【功效】清热解毒，消肿散结，利尿通淋。

【禁忌】阳虚外寒、脾胃虚弱者忌服。

【挑选】新鲜蒲公英要选择叶片干净、略带香气者，干燥蒲公英则选颜色灰绿、无杂质、干燥者。

预防溃疡+补血通肠

胡萝卜菠菜米糊

材料

胡萝卜50克，菠菜50克，大米100克，盐适量。

做法

❶ 胡萝卜洗净，切丁；菠菜洗净，切碎；大米洗净，用清水浸泡 2 小时。

❷ 将以上食材全部倒入豆浆机中，加水至上、下水位线之间，按下“米糊”键。

❸ 豆浆机提示米糊煮好后，倒入碗中，加入适量盐，即可食用。

养生功效

菠菜具有补血、通肠导便、预防痔疮、促进新陈代谢等功效；胡萝卜具有保护眼睛、润肠通便、增强免疫力的功效。此款米糊含有丰富的维生素和矿物质，可有效预防复发性口腔溃疡。

通便清热，理气补血

消肿利水+清热解毒

蒲公英绿豆豆浆

材料

干蒲公英20克，绿豆30克，黄豆50克，白糖适量。

做法

❶ 黄豆、绿豆分别洗净，用清水浸泡 6 ~ 8 小时；干蒲公英用温水泡开，切碎备用。

❷ 将以上食材全部倒入豆浆机中，加水至上、下水位线之间，按下“豆浆”键。

❸ 待豆浆机提示豆浆做好后，倒出过滤，再加入适量白糖，即可饮用。

养生功效

此款豆浆具有消肿利水、清热解毒的功效，但体虚体寒者不宜食用。

清热解毒，利尿散结

清热解毒，消暑开胃

滋阴润燥+清肺除热

冰糖雪梨豆浆

材料

雪梨1个，黄豆50克，冰糖适量。

做法

❶ 黄豆洗净，用清水浸泡6～8小时；雪梨洗净，去皮去核，切成小块。

❷ 将以上食材全部倒入豆浆机中，加水至上、下水位线之间，按下“豆浆”键。

❸ 待豆浆机提示豆浆做好后，倒出过滤，加入适量冰糖，即可饮用。

养生功效

此款豆浆具有滋阴润燥、清肺除热的功效。

凉血清热+润燥解毒

乌梅生地绿豆粥

材料

乌梅20克，地黄20克，绿豆50克，大米70克，冰糖适量。

做法

❶ 大米、绿豆分别洗净，大米浸泡1小时，绿豆浸泡4小时；乌梅、地黄洗净、切片，二者同加水煎煮，取汁备用。

❷ 锅中加水，大火烧开，倒入绿豆煮至滚沸后，加入大米同煮，待大米、绿豆再次煮开后，加入地黄乌梅汁转小火继续慢熬至豆软粥稠，最后加入适量冰糖调味即可。

养生功效

此粥可起到辅助滋阴清热、解毒敛疮的作用。

和胃利水+明目止血

荠菜小米米糊

材料

小米30克，大米40克，鲜荠菜50克，盐适量。

做法

❶ 小米、大米分别洗净，用清水浸泡2小时；鲜荠菜洗净，切碎。

❷ 将以上食材全部倒入豆浆机中，加水至上、下水位线之间，按下“米糊”键。

❸ 待米糊煮好后，倒入碗中，加入适量的盐，即可食用。

养生功效

此款米糊除了预防口腔溃疡，还具有和胃、利水、明目、止血的功效，尤其适宜产后出血、水肿者食用。体质虚寒者不宜食用。

消化不良

消化不良是由胃动力障碍引起的疾病，也包括胃蠕动不好的胃轻瘫和食道反流病。消化不良主要分为功能性消化不良和器质性消化不良，还易伴随腹胀、腹泻、食欲不振等症状。

☺食材、药材推荐

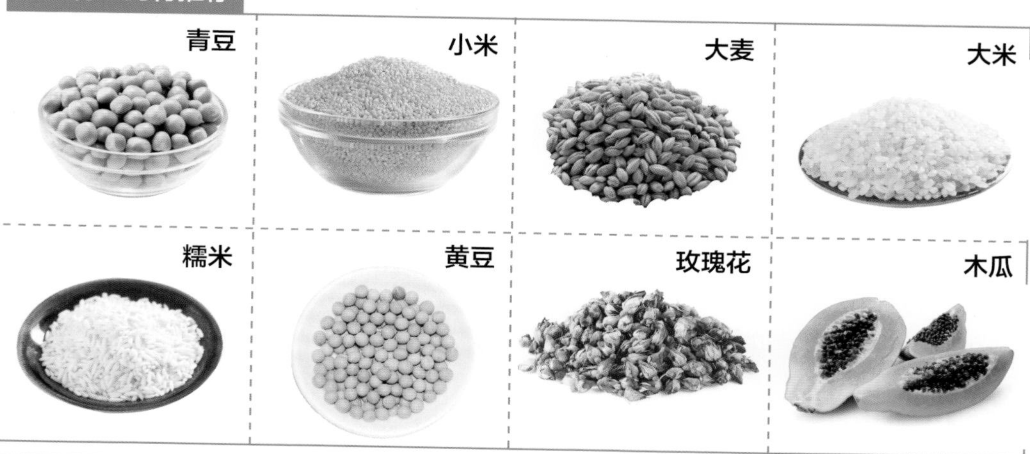

饮食原则

☑ 易消化食物　☑ 清淡饮食　☑ 少食多餐　☒ 油炸　☒ 高脂高盐　☒ 辛辣食物　☒ 暴饮暴食

症因解读

三餐不定、暴饮暴食、精神紧张、过度劳累、长期进食油腻多脂的食物、情绪波动、睡眠状态不良、烟酒刺激等都会引起消化不良。

症状表现

轻度消化不良仅有轻微的上腹不适、饱胀、烧心等症状。重度消化不良表现为上腹痛、腹胀、嗳气、失眠、焦虑、头痛、肠道蠕动异常、腹部不适等症状。

护理指南

1. 少吃油炸食物、腌制食物、生冷刺激食物。

2. 饮食要有规律，用餐要定时定量，食物温度要适宜。有规律地进食，可以让胃肠消化液分泌形成一定规律，有助于食物的消化。

3. 细嚼慢咽，饮水选择合适时间。食物咀嚼越充分，胃肠道消化起来越容易。餐后饮水，会稀释胃液，降低消化食物的功能。因此，最好在餐前一小时饮水比较科学。

食材、药材图典 • 大麦

【别名】元麦、米大麦。
【性味】性凉，味甘、咸，无毒。
【归经】入脾、胃二经。
【功效】健脾消食，除热止渴，利小便。
【禁忌】一般人群均可食用。
【挑选】颗粒饱满均匀、无杂质，味道自然者为佳。

健康小贴士

消化不良按摩疗法

将双手重叠紧贴于中脘穴，先以顺时针方向旋转按揉1~2分钟，再以逆时针方向旋转按揉1~2分钟，至局部有温热的舒适感。

滋阴养胃+促进消化

小米糊

材料

小米100克，盐或红糖适量。

做法

❶ 小米洗净，用清水浸泡 2 小时。

❷ 将浸泡好的小米倒入豆浆机中，加水至上、下水位线之间，按下“米糊”键。

❸ 待米糊煮好后，倒入碗中，按照个人口味加入适量的红糖或盐调味，即可食用。

养生功效

此款米糊具有滋阴养胃、促进消化的作用，同时对淡斑、护肤、强精、延缓衰老也具有一定的效果。

益气补血，健脾暖胃

补益虚损，和中益肾

预防胃病+美容养颜

木瓜青豆豆浆

材料

木瓜半个，青豆30克，黄豆50克，白糖适量。

做法

❶ 黄豆洗净，用清水浸泡 6 ~ 8 小时；木瓜洗净，去皮去籽，切成小块；青豆洗净备用。

❷ 将以上食材全部倒入豆浆机中，加水至上、下水位线之间，按下“豆浆”键。

❸ 待豆浆机提示豆浆做好后，倒出过滤，再加入适量的白糖，即可饮用。

养生功效

此款木瓜青豆豆浆具有美容养颜的功效，同时也能缓解因消化不良带来的身体不适等症。

补中益气，化痰排脓

补肝养胃，滋补强壮

健脾消食+止渴利尿

大麦糯米粥

材料

大麦50克，糯米50克，冰糖适量。

做法

❶ 大麦、糯米分别洗净，用清水浸泡4小时左右。

❷ 锅中加水，大火烧开，将糯米和大麦同煮，边煮边搅拌。

❸ 待米煮开，转小火继续熬至米软粥稠，再加入适量冰糖调味，待冰糖溶化后，将粥倒入碗中，即可食用。

养生功效

大麦具有健脾消食、止渴利尿的作用；糯米具有健胃养胃、补中益气的作用，二者同煮尤其适合脾胃虚弱者食用。此粥对口腔溃疡、高脂血症、动脉硬化症、慢性气管炎皆有一定的改善作用。

平胃止渴，消食疗胀

清热解毒+促进消化

茶叶大米粥

材料

茶叶15克，大米100克，盐适量。

做法

❶ 大米洗净，用清水浸泡1小时；将茶叶加水煎煮，取汁备用。

❷ 锅中倒水，大火烧开，下大米熬煮，边煮边搅拌，待米煮开后，加入茶水，转小火慢熬至米软粥稠，再加入适量盐，待盐溶化后，将粥倒入碗中，即可食用。

养生功效

茶叶中富含多种矿物质，具有清热消食、止渴利尿、止咳祛痰的作用。茶叶大米粥口感清润，非常适合消化不良者食用。

清头目，消食滞

补中益气，健脾养胃

厌食

厌食是指长期的食欲减退或消失，一般表现为拒吃某种食物、挑选自己喜欢的饭菜、不愿尝试新的食物或对食物缺乏兴趣等。主要由于饮食不节或喂养不当，以及长时期偏食、挑食，导致脾胃不和引起。

☺食材、药材推荐

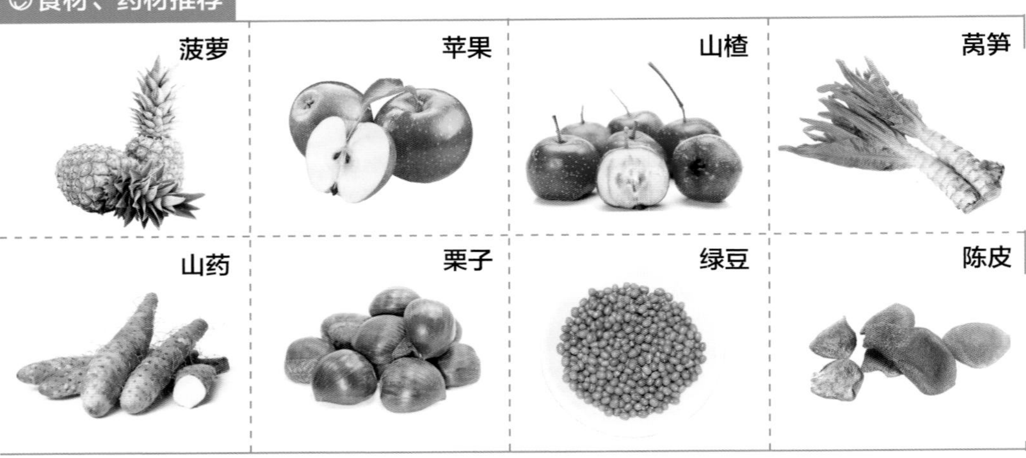

饮食原则

☑ 味甘酸食物 ☑ 少量开胃零食 ☑ 酸辣开胃小菜 ☒ 油腻 ☒ 过辛辣 ☒ 清淡节食

症因解读

因局部或全身性疾病影响消化功能，使胃肠平滑肌张力低下，消化液分泌减少，酶的活性降低。中枢神经系统受人体内外环境刺激，对消化功能的调节失去平衡。长期厌食不仅会导致营养不良，同时还易造成胃肠功能衰退、病变等。

症状表现

厌食在小儿时期很常见，是指小儿较长时期见食不贪、食欲不振，甚至拒食的一种常见病症。

护理指南

1. 锌缺乏可以补充硫酸锌或葡萄糖酸锌口服液。锌是人体必不可少的微量元素，在人体内参与多种酶的合成。锌可通过其参与构成的含锌蛋白对味觉和食欲发生作用，从而促进食欲。

2. 按时吃饭，不偏食、不挑食。

3. 食物的种类和制作方法要经常变换，以增加食欲。

4. 冷饮摄入要适量，不宜过量。夏天气候炎热，湿度较高，如饮用过多的冷饮会影响消化液的分泌，导致食欲下降。

食材、药材图典 • 山楂

【别名】山里果、山里红、酸里红、红果、红果子。

【性味】性微温，味酸、甘。

【归经】入脾、胃、肝经。

【功效】健脾开胃、消食化滞、活血化瘀。

【禁忌】孕妇、儿童、胃酸分泌过多者、病后体虚及蛀牙患者不宜食用。

【挑选】颜色鲜红，无虫蛀、裂口，中小个头，质地较硬者为佳。

养胃健胃+通肠导便

菠萝苹果米糊

材料

大米100克，菠萝肉80克，苹果1个，白糖适量。

做法

❶ 大米洗净，用清水浸泡 2 小时；菠萝肉切丁；苹果洗净，去皮去核，切丁。

❷ 将以上食材全部倒入豆浆机中，加水至上、下水位线之间，按下“米糊”键。

❸ 待米糊煮好后，倒入碗中，加入适量的白糖，即可食用。

养生功效

菠萝所含的酶有助于消化肉类等蛋白质食品；苹果具有养胃健胃的功效。此款米糊尤其适合常食肉者食用。

健胃消食，补脾止泻

促进消化+清除胃热

莴笋山药豆浆

材料

莴笋30克，山药20克，黄豆50克，白糖适量。

做法

❶ 黄豆洗净，用清水浸泡 6 ~ 8 小时；莴笋、山药分别去皮洗净，切成小块备用。

❷ 将以上食材全部倒入豆浆机中，加水至上、下水位线之间，按下“豆浆”键。

❸ 待豆浆机提示豆浆做好后，倒出过滤，再加入适量白糖，即可饮用。

养生功效

此款豆浆可以刺激消化液分泌，达到促进消化的作用，也兼有清胃热的效果。

消脂镇痛，安神益气

益气健脾+强筋壮骨

大米栗子豆浆

材料

大米30克，栗子30克，黄豆60克，白糖适量。

做法

❶ 黄豆洗净，用清水浸泡 6 ~ 8 小时；大米洗净，用清水浸泡 2 小时；栗子去壳，取肉，切为小碎块备用。

❷ 将以上食材全部倒入豆浆机中，加水至上、下水位线之间，按下“豆浆”键。

❸ 待豆浆机提示豆浆做好后，倒出过滤，再加入适量白糖，即可饮用。

养生功效

栗子具有益气健脾、强筋壮骨的功效，但一次不宜食用过多，否则易产生胀气现象。

益气补脾，强筋健骨

理气开胃+燥湿化痰

陈皮粥

材料

陈皮30克，大米100克，冰糖适量。

做法

❶ 大米洗净，用清水浸泡 1 小时；陈皮洗净，用温水泡软，再切成细丝备用。

❷ 锅中倒水，大火烧开，倒入大米和陈皮丝同煮，边煮边搅拌。

❸ 待米煮开，转小火继续慢熬至粥黏稠，再加入适量冰糖调味，待冰糖溶化后，将粥倒入碗中，即可食用。

养生功效

陈皮具有理气开胃、燥湿化痰、健脾养胃的功效，因此陈皮粥尤其适合儿童食用。

理气健脾，燥湿化痰

调节血压+保护血管

山楂粥

材料

山楂40克，大米100克，白糖适量。

做法

❶ 大米洗净，用清水浸泡1小时；山楂用温水泡软，去核。

❷ 锅中加水，大火烧开，倒入大米和山楂熬煮，边煮边搅拌，待米煮开后，转小火继续慢熬至粥黏稠，加入适量白糖调味，待白糖溶化后，将粥倒入碗中，即可食用。

养生功效

本品含有多种有机酸、维生素等营养物质，不仅可起到缓解积食、厌食的作用，同时也具有调节血压、保护心血管的功效。

健胃消食，舒气散瘀

开胃健胃+清热凉血

山楂绿豆浆

材料

山楂20克，绿豆80克，白糖适量。

做法

❶ 绿豆洗净，用清水浸泡6～8小时；山楂用温水泡开，去核。

❷ 将以上食材全部倒入豆浆机中，加水至上、下水位线之间，按下“豆浆”键。

❸ 待豆浆机提示豆浆做好后，倒出过滤，再加入适量白糖，即可饮用。

养生功效

山楂味酸、甜，有刺激胃液分泌的作用。此款豆浆具有开胃健胃、清热凉血之效。

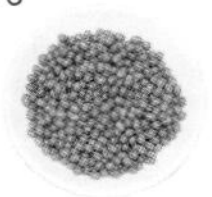

清热解毒，消暑开胃

润肺生津，补中缓急

便秘

便秘通常是对排便次数减少、排便费力、粪便量减少、粪便干结等症状的统称。便秘不属于疾病，但长期的便秘对人的生活和健康都会造成较大的不良影响。便秘是老年人常见的症状，会严重影响老年人的生活质量。

☺食材、药材推荐

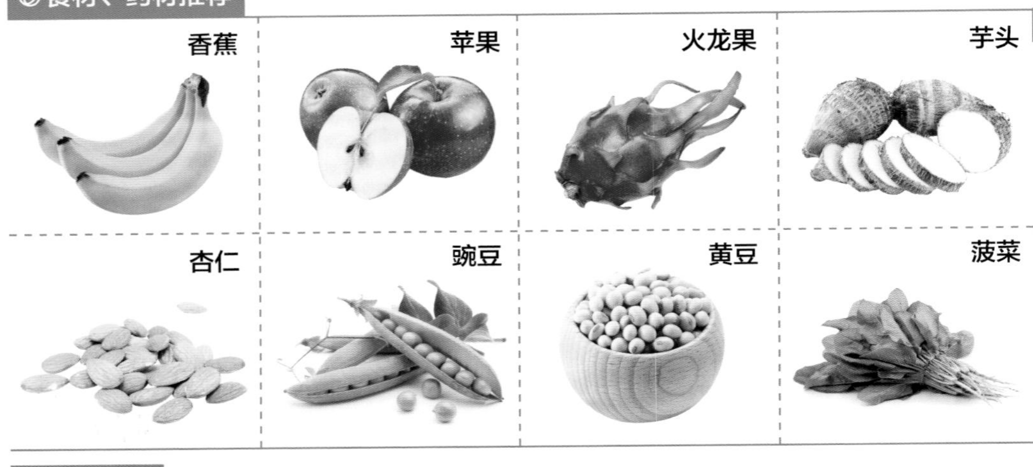

饮食原则

☑ 多喝水 ☑ B 族维生素 ☑ 坚果 ☑ 清淡饮食 ☒ 辛燥食物 ☒ 烧烤 ☒ 多盐 ☒ 高糖

症因解读

肿瘤、炎症、痔疮、进食量少或食物缺乏膳食纤维或水分不足，工作紧张、生活节奏过快、工作性质和时间变化、精神因素等干扰了正常的排便习惯，结肠运动功能紊乱等都会引起便秘。

症状表现

便意少，便次也少，排便艰难、费力，排便不畅，大便干结，排便不净感，伴有腹痛或腹部不适。排便时间可达 30 分钟以上，或每日排便多次，但排出困难。

护理指南

1. 建议患者每天至少喝 6 杯 250 毫升的水，并养成定时排便的习惯。每天早上起来空腹喝温水冲的蜂蜜水，对肠道有润滑作用。

2. 多吃新鲜蔬菜，增加饮食中纤维摄取量。

3. 增加 B 族维生素食品的摄入，选用天然、未经加工的食物，以增强肠道的紧张力。

4. 避免进食过少或饮食过于精细。缺乏残渣会减少对肠道的刺激。

食材、药材图典 • 菠菜

【别名】波斯草、菠薐、菠柃、鹦鹉菜、红根菜、飞龙菜。

【性味】性平，味甘。

【归经】入肝、胃经。

【功效】滋阴平肝，止咳润肠，祛风明目，通关开窍，调节血压，增强体质。

【禁忌】肾炎患者、肾结石患者忌食，脾虚便溏者不宜多食。

【挑选】菜梗红短、叶子新鲜有弹性者为佳。

润肠通便+清理肠道

杏仁菠菜米糊

材料

杏仁30克，新鲜菠菜50克，大米100克，盐适量。

做法

❶ 杏仁用温水泡开；菠菜洗净，切碎；大米洗净，用清水浸泡 2 小时。

❷ 将以上食材全部倒入豆浆机中，加水至上、下水位线之间，按下“米糊”键。

❸ 待米糊煮好后，倒入碗中，加入适量盐，即可食用。

养生功效

此款杏仁菠菜米糊中，菠菜含有丰富的膳食纤维，可促进肠道蠕动，杏仁所含的优质蛋白可起到润肠通便的作用。

补中益气，健脾养胃

开胃健胃+清热除烦

苹果香蕉豆浆

材料

苹果 1 个，香蕉 1 ~ 2 根，黄豆50克，白糖适量。

做法

❶ 黄豆洗净，用清水浸泡 6 ~ 8 个小时；苹果洗净，去皮去核，切成小块；香蕉剥皮，切成小块。

❷ 将以上食材全部倒入豆浆机中，加水至上、下水位线之间，按下“豆浆”键。

❸ 待豆浆机提示豆浆做好后，倒出过滤，再加入适量白糖，即可饮用。

养生功效

苹果性平，味甘、微酸，具有生津止渴、清热除烦、健胃消食的功效。此款豆浆具有开胃健脾的功效，尤其适合幼儿饮用。

清热润肠，利尿消肿

清热润肠+促进消化

火龙果香蕉豌豆豆浆

材料

白心火龙果半个，香蕉1根，豌豆20克，黄豆50克，白糖适量。

做法

❶ 黄豆洗净，用清水浸泡6～8小时；白心火龙果、香蕉分别去皮，切成小块；豌豆洗净备用。

❷ 将以上食材全部倒入豆浆机中，加水至上、下水位线之间，按下“豆浆”键。

❸ 待豆浆机提示豆浆做好后，倒出过滤，再加入适量白糖，即可饮用。

养生功效

此款豆浆具有清热润肠的作用。

润肠通便+润肺解酒

香蕉粥

材料

香蕉2根，大米100克，蜂蜜适量。

做法

❶ 大米洗净，用清水浸泡1小时；香蕉去皮，切小块备用。

❷ 锅中加水，大火烧开，倒入大米熬煮，边煮边搅拌，待米煮至滚沸后转小火慢熬至粥黏稠；加入香蕉块，继续煮3～5分钟，再加入蜂蜜，待蜂蜜完全溶化后，将粥倒入碗中，即可食用。

养生功效

此款香蕉粥有润肠通便、润肺解酒的功效，适合痔疮出血、大便燥结者食用。

滋阴润燥+预防便秘

芋头瘦肉粥

材料

芋头2个，猪瘦肉50克，大米70克，葱花、料酒、盐各适量。

做法

❶ 大米洗净泡透；芋头去皮洗净，切块，入沸水焯过；猪瘦肉洗净，切丁。

❷ 锅中加水，大火烧开，倒入大米和芋头块同煮片刻。

❸ 另起锅置于火上，入油烧热，下猪瘦肉丁翻炒，加入料酒、盐调味，炒至八成熟时直接倒入粥中，与大米等同煮至粥成，撒上适量葱花即可。

养生功效

此粥有滋阴润燥、预防便秘的功效。

中暑

在长时间的高温和热辐射下，人体若出现体温不正常，水、电解质代谢紊乱或神经系统功能损害等症状，即为中暑，是一种以中枢神经和（或）心血管功能障碍为主要表现的急性疾病。

☺食材、药材推荐

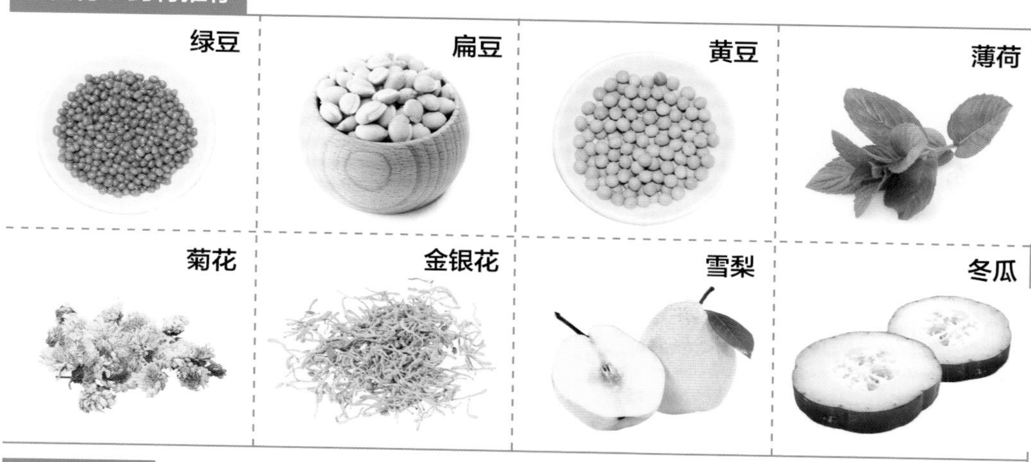

饮食原则

☑ 适量饮水 ☑ 含钾食物 ☑ 含镁食物 ☒ 冷饮 ☒ 冰镇瓜果 ☒ 油腻食物

症因解读

烈日暴晒、体弱、疲劳、肥胖、饮酒、失水、失盐、发热、糖尿病、心血管病等因素易引发中暑。

症状表现

轻症中暑者表现为面色潮红、大量出汗、脉搏快速等，体温升高至38.5℃以上。重症中暑者全身软弱、乏力、头昏、头痛、恶心、出汗减少、体温迅速上升、嗜睡、昏迷、皮肤干燥、灼热、脸色呈潮红或苍白。

护理指南

1. 应吃些较为清淡、容易消化的食物，补充必要的水分、盐、热量、维生素、蛋白质等。

2. 忌大量饮水、大量食用生冷瓜果。大量饮水不但会冲淡胃液，影响消化功能，还会引起反射排汗亢进。

3. 忌吃大量油腻食物，忌单纯进补。中暑后进补过早的话，会使暑热不易消退，或使本来已经逐渐消退的暑热卷土重来。

食材、药材图典 • 薄荷

【别名】野薄荷、夜息香。

【性味】性凉，味辛。

【归经】入肺、肝经。

【功效】疏散风热，清利头目，利咽透疹，疏肝行气。

【禁忌】阴虚血燥，肝阳偏亢，表虚汗多者忌服。

【挑选】墨绿色、灰黑色，没有杂质者为佳。

健康小贴士

中暑穴位疗法

取足三里、大椎、曲池、合谷、内关五穴，以拇指顺五穴经络走向，由轻至重掐压，缓慢疏推和点按穴位，反复进行3~5分钟。

清热解暑+除烦利水

绿豆冬瓜米糊

材料

大米50克，绿豆70克，冬瓜50克，白糖适量。

做法

❶ 大米洗净，用清水浸泡 2 小时；绿豆洗净，用清水浸泡 6 ~ 8 小时；冬瓜洗净，去皮去瓤，切丁。

❷ 将以上食材倒入豆浆机中，加水至上、下水位线之间，按下“米糊”键，米糊煮好后，倒入碗中，加入白糖即可食用。

养生功效

绿豆是常见的解暑佳品，具有清热解毒、消暑、利水的功效；冬瓜具有清热生津、除烦利水的功效。二者搭配，可起到不错的解暑清热的作用。

利水止渴，消炎利尿

清热解暑+清肺润燥

菊花雪梨豆浆

材料

菊花10克，雪梨1个，黄豆50克，冰糖适量。

做法

❶ 黄豆洗净，用清水浸泡 6 ~ 8 小时；菊花用温水泡开；雪梨洗净，去皮去核，切成小块。

❷ 将以上食材全部倒入豆浆机中，加水至上、下水位线之间，按下“豆浆”键。

❸ 待豆浆机提示豆浆做好后，倒出过滤，加入适量冰糖，即可饮用。

养生功效

此款豆浆不仅具有清热解暑、清肺润燥的功效，同时还具有清肝明目的作用。腹部冷痛者不宜多食。

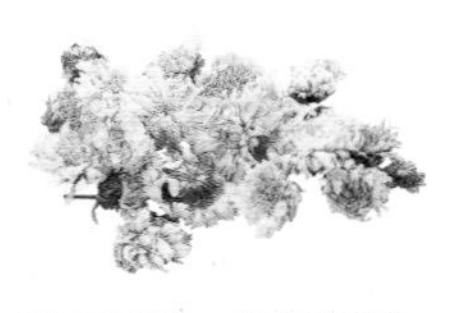

疏风清热，明目解毒

健脾化湿+缓解呕吐

扁豆粥

材料

扁豆50克，大米100克，盐适量。

做法

❶ 大米洗净，用清水浸泡1小时；扁豆洗净，剔除老筋，切片，入沸水略焯。

❷ 锅中倒水，大火烧开，倒入大米熬煮，边煮边搅拌。

❸ 待米煮沸后，加入扁豆片转小火慢熬至米软粥稠，再加入适量的盐，待盐溶化后，将粥倒入碗中，即可食用。

养生功效

扁豆具有健脾止泻、清暑化湿的作用。此粥适合因脾湿引起的呕吐者食用。

醒脑消暑+疏散风热

薄荷绿豆豆浆

材料

薄荷15克，绿豆30克，黄豆50克，白糖适量。

做法

❶ 黄豆、绿豆分别洗净，用清水浸泡6～8小时；薄荷用温水泡开备用。

❷ 将以上食材全部倒入豆浆机中，加水至上、下水位线之间，按下“豆浆”键。

❸ 待豆浆机提示豆浆做好后，倒出过滤，再加入适量白糖，即可饮用。

养生功效

此款豆浆具有醒脑消暑、疏散风热的功效，但晚上不宜饮用过多，以免影响睡眠。

清热解暑+缓解热症

金银花粥

材料

金银花20克，大米100克，冰糖适量。

做法

❶ 大米洗净，用清水浸泡1小时；金银花用温水泡开备用。

❷ 锅中加水，大火烧开，倒入大米熬煮，边煮边搅拌。

❸ 待米煮沸后，加入金银花转小火慢熬至米软粥稠，再加入适量冰糖调味，待冰糖溶化后，将粥倒入碗中，即可食用。

养生功效

此款金银花粥不仅可起到解暑的作用，还对各种热病均有一定的缓解作用。

腹泻

肠黏膜的分泌旺盛与吸收障碍、肠蠕动过快，致排便频率增加，粪质稀薄，称为腹泻。腹泻包括排便次数明显增多、粪质稀薄、水分增加、粪便中含有大量未消化的食物等症状，同时还常伴有排便急迫感、肛门不适、失禁等症状。

☺食材、药材推荐

糯米

小米

莲子

豌豆

红枣

姜

芋头

山药

饮食原则

☑ 低纤维食物　☑ 半流质食物　☑ 高蛋白　☑ 高热量　☒ 坚果类　☒ 生冷食物　☒ 油腻食物

症因解读

细菌感染，饮食无规律、饮食不易消化的食物，胃动力不足，摄食未煮熟的食物等都会导致腹泻。

症状表现

大便次数增多，粪便变稀，形态、颜色、气味改变，含有脓血、黏液、未消化的食物、脂肪，或变为黄色稀水、绿色稀糊、气味酸臭。大便时会产生腹痛、下坠、肛门灼痛等症状。

护理指南

1. 及时补充水分，适量喝一些糖水和盐水，避免身体里电解质失衡。

2. 补充维生素。注意复合 B 族维生素和维生素 C 的补充，可食用鲜橘汁、西红柿汁、菜汤等。

3. 腹泻基本停止后，可选择低脂少渣的半流质饮食或软食。少量多餐，便于消化。

4. 禁酒，忌肥肉、坚硬及含粗纤维较多的蔬菜、生冷瓜果、油脂多的点心及冷饮等食物。

食材、药材图典 • 芋头

【别名】芋、芋艿、芋奶、芋根、毛芋、青芋、芋魁、香华、芋子、香芋。

【性味】性平，味甘、辛。

【归经】归胃经。

【功效】健脾补虚，散结解毒。

【禁忌】芋头生食有小毒，熟食不宜过多，易引起闷气或胃肠积滞。

【挑选】选择较结实，且没有斑点，体型匀称的芋头。切开后肉质细白，质地松，即为上品。拿起来质量轻者，就表示水分少。

暖胃养胃+活血补血

糯米莲子山药米糊

材料

糯米70克，莲子20克，山药20克，红枣10颗，红糖适量。

做法

❶ 糯米洗净，用清水浸泡 4 小时；莲子、红枣分别用温水泡开；莲子去衣、去芯；红枣去核；山药洗净，去皮，切成小块。

❷ 将以上食材倒入豆浆机中，加水至上、下水位线之间，按下“米糊”键，米糊煮好后，倒入碗中，加入适量红糖，即可食用。

养生功效

此款米糊不仅具有补脾止泻的作用，同时还具有暖胃养胃、活血补血、安神静心的功效，并且还可以起到固肾益精的作用。

补脾止泻，养心安神

调节腹泻+增强免疫力

芋头粥

材料

芋头2个，糯米100克，白糖适量。

做法

❶ 糯米洗净，用清水浸泡 4 小时；芋头去皮，洗净切块。

❷ 锅中加水，大火烧开，倒入糯米、芋头块同煮，边煮边搅拌；待糯米煮沸后，转小火慢熬至软烂黏稠，再加入白糖，待白糖溶化后，将粥倒入碗中，即可食用。

养生功效

芋头中含有丰富的胡萝卜素，所以此粥对腹泻等肠胃疾病具有一定的调节作用。同时，还有增强人体的免疫功能的效果。

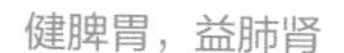

健脾胃，益肺肾

温补五脏，收敛止汗

滋补强身+预防腹泻

高粱羊肉粥

材料

高粱100克，羊肉50克，葱花适量，生姜1小块，盐适量。

做法

❶ 高粱洗净，用清水浸泡2小时；羊肉洗净，切丁，入沸水略焯；生姜去皮，洗净，切末。

❷ 锅中倒水，大火烧开，倒入高粱熬煮，边煮边搅拌。

❸ 待高粱煮开后，加入羊肉丁和生姜末同煮，待高粱再次滚沸后，转小火慢熬至黏稠，再加入适量盐，撒上葱花即可。

养生功效

高粱与羊肉合而为粥，具有滋补强身、预防腹泻的作用。

改善腹泻+缓解腹痛

红枣姜糖米糊

材料

大米100克，红枣10颗，生姜1小块，红糖适量。

做法

❶ 大米洗净，用清水浸泡2小时；红枣用温水泡发，去核；生姜洗净，去皮，切丝备用。

❷ 将以上食材全部倒入豆浆机中，加水至上、下水位线之间，按下“米糊”键。

❸ 豆浆机提示米糊煮好后，倒入碗中，加入适量红糖，即可食用。

养生功效

此款米糊具有缓解腹泻的作用。

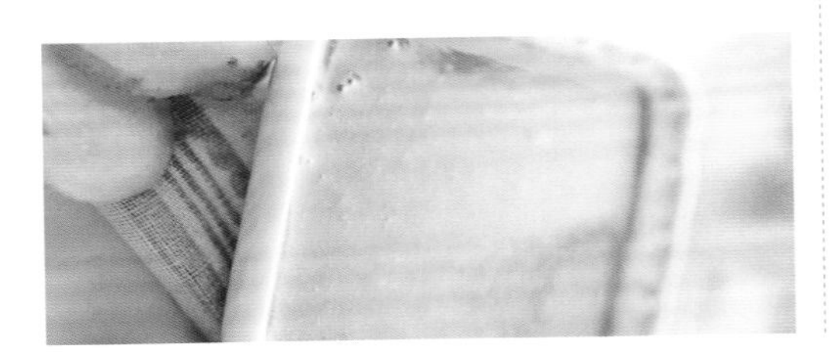

补中益气+健脾益胃

豌豆糯米小米豆浆

材料

豌豆20克，糯米15克，小米15克，黄豆50克，白糖适量。

做法

❶ 黄豆洗净，用清水浸泡6～8小时；糯米、小米分别洗净，用清水浸泡4小时；豌豆洗净。

❷ 将以上食材全部倒入豆浆机中，加水至上、下水位线之间，按下“豆浆”键。

❸ 待豆浆机提示豆浆做好后，倒出过滤，再加入适量白糖，即可饮用。

养生功效

此款豆浆具有补中益气、健脾益胃的作用。

补脾益气+滋阴润燥

鸡腿瘦肉粥

材料

鸡腿肉、猪肉各50克，大米100克，姜丝、盐、味精、葱花、芝麻油各适量。

做法

❶ 猪肉洗净，切片；大米洗净，泡好；鸡腿肉洗净，切小块。

❷ 锅中加水，下入大米，大火煮沸，放入鸡腿肉块、猪肉片、姜丝，中火熬煮至米粒软散。

❸ 转文火将粥熬煮至浓稠，加入盐、味精进行调味，淋上芝麻油，撒入葱花即可。

养生功效

鸡肉有补脾益气、养血补肾的功效；猪肉有补肾养血、滋阴润燥的功效。此粥可用于改善腹泻等症状，同时还可以提升机体的免疫力。

滋阴润脏，补精填髓

补充营养，延缓衰老

补脾益气+养血补肾

香菇鸡腿粥

材料

鲜香菇50克，鸡腿肉30克，大米100克，姜丝、葱花、盐、胡椒粉各适量。

做法

❶ 鲜香菇洗净，切成细丝；大米淘净，泡好；鸡腿肉洗净，切块，再下入油锅中过油后，盛出备用。

❷ 砂锅中加入清水，放入大米，大火煮沸，放入香菇丝、姜丝，中火熬煮至米粒开花。

❸ 加入炒好的鸡腿肉块，熬煮成粥后，加入盐、胡椒粉调味，撒上葱花即可。

养生功效

香菇具有提高机体免疫力、延缓衰老等功效。香菇与鸡腿肉具有补脾益气、养血补肾的功效。合熬为粥，尤其适合高血压、高脂血症患者食用。

高血压

高血压是指以体循环动脉血压［收缩压和（或）舒张压］增高为主要特征（收缩压≥ 140 毫米汞柱，舒张压≥ 90 毫米汞柱），可伴有心、脑、肾等器官的功能或器质性损害的临床综合征。高血压是最常见的慢性病之一，也是心脑血管疾病最主要的危险因素。

☺食材、药材推荐

饮食原则

☑ 含钾食物　☑ 含钙食物　☑ 粗纤维食物　☒ 暴饮暴食　☒ 高盐　☒ 高脂　☒ 高糖

症因解读

血压升高一般发生在劳累、精神紧张、情绪波动后，随着病程延长，血压明显持续升高，会逐渐出现各种并发症。

症状表现

血压急骤升高、剧烈头痛、视力障碍、恶心、呕吐、抽搐、昏迷、一次性偏瘫、失语等，严重者可出现心功能失常，发生心力衰竭、肾功能减退等诸多问题。

护理指南

1. 多吃含优质蛋白、维生素和钾含量较高的食物，以及可适当调理高血压的食物。

2. 忌烟，香烟中的尼古丁能刺激心脏和血管，使血压升高。

3. 少食动物脂肪，少吃甜食。应食用低热量、低脂肪、低胆固醇食物。少吃动物蛋白。

4. 高血压患者应尽量避免食用刺激性食品，如辛辣调味品和含有咖啡因的食物。

食材、药材图典 • 玉米

【别名】玉蜀黍、棒子、苞米、苞谷、珍珠米。

【性味】性平，味甘，无毒。

【归经】入脾、胃经。

【功效】利尿消肿，清肝利胆。

【禁忌】霉坏变质的玉米有致癌作用，不宜食用；患有干燥综合征、糖尿病、更年期综合征且属阴虚火旺者不宜食用爆米花，否则易助火伤阴。

【挑选】苞大，籽粒饱满、排列紧密、软硬适中、老嫩适宜、质糯无虫者为佳。

稳定血压+调理便秘

芹菜酸奶米糊

材料

大米70克，酸奶30毫升，芹菜30克，白糖适量。

做法

❶ 大米洗净，用清水浸泡 2 小时；芹菜洗净，切碎备用。

❷ 将以上食材加上酸奶倒入豆浆机中，加水至上、下水位线之间，按下“米糊”键。

❸ 待米糊煮好后，倒入碗中，加入适量白糖，即可食用。

养生功效

此款米糊不仅适合高血压患者食用，还对便秘、厌食也有一定的调理作用。芹菜中含有大量的膳食纤维，对减肥和通便有很大好处。

平肝清热，祛风利湿

止咳平喘，利水消肿

调节血脂+促进代谢

海带绿豆粥

材料

海带30克，绿豆40克，大米60克，盐适量。

做法

❶ 大米、绿豆分别洗净，大米用清水浸泡 1 小时，绿豆用清水浸泡 4 小时；海带洗净切丝。

❷ 锅中加水，大火烧开，倒入绿豆煮至滚沸后加入大米、海带丝同煮；待再次煮沸后，转小火慢熬至粥黏稠，加入适量的盐调味，待盐溶化后，将粥倒入碗中，即可食用。

养生功效

海带和绿豆都具有调节血脂的功效，二者合用煮粥对动脉硬化、糖尿病也有一定的调节作用，同时还能让人体吸收充足的碘元素，促进代谢。

平稳胆固醇+调节高血压

玉米粥

材料

鲜玉米粒50克，大米50克，盐适量。

做法

❶ 大米洗净，用清水浸泡1小时；鲜玉米粒洗净，捞出沥干水分。

❷ 锅中倒水，大火烧开，倒入大米和玉米粒同煮，边煮边搅拌。

❸ 待大米煮开后，转小火慢熬至粥黏稠，加入适量的盐调味，待盐溶化后，将粥倒入碗中，即可食用。

养生功效

鲜玉米中富含大量维生素E、胡萝卜素、B族维生素、膳食纤维等营养物质，适合高血压患者食用。

稳定血压+清肺止咳

桑叶黑米豆浆

材料

干桑叶10克，黑米40克，黄豆50克，白糖适量。

做法

❶ 黄豆洗净，用清水浸泡6～8小时；黑米洗净，用清水浸泡4小时；干桑叶用温水泡开。

❷ 将以上食材全部倒入豆浆机中，加水至上、下水位线之间，按下“豆浆”键。

❸ 待豆浆机提示豆浆做好后，倒出过滤，再加入适量白糖，即可饮用。

养生功效

此款豆浆非常适合高血压以及肝燥人群食用。

防高血压+滋补身体

薏米青豆黑豆浆

材料

薏米20克，青豆20克，黑豆60克，白糖适量。

做法

❶ 黑豆洗净，用清水浸泡6～8小时；薏米洗净，用清水浸泡4小时；青豆洗净备用。

❷ 将以上食材全部倒入豆浆机中，加水至上、下水位线之间，按下“豆浆”键。

❸ 待豆浆机提示豆浆做好后，倒出过滤，再加入适量白糖，即可饮用。

养生功效

此款豆浆尤其适合病中或病后体质虚弱者食用。

除烦解暑+消肿利尿

黄瓜胡萝卜粥

材料

黄瓜、胡萝卜各15克，大米90克，盐适量，味精少许。

做法

❶ 大米洗净，用水浸泡 30 分钟；黄瓜、胡萝卜洗净，切成小块。

❷ 锅置于火上，加入适量清水，放入大米，大火煮至米粒开花。

❸ 放入黄瓜块、胡萝卜块，改用小火煮至粥成，调入盐、味精即可。

养生功效

胡萝卜具有健脾化滞、润肠通便的作用，适合高血糖患者食用；黄瓜具有生津止渴、除烦解暑、消肿利尿的功效，经常食用此粥，具有提高机体免疫力的作用。

养肝明目，补充维生素

凉血解毒+清热化痰

丝瓜胡萝卜粥

材料

鲜丝瓜30克，胡萝卜少许，大米100克，白糖适量。

做法

❶ 丝瓜去皮洗净，切片；胡萝卜洗净，切丁；大米洗净，泡发备用。

❷ 锅置于火上，注入清水，放入大米，用大火煮至米粒开花。

❸ 放入丝瓜片、胡萝卜丁，用小火煮至粥成，放入白糖调味后，即可食用。

养生功效

丝瓜能除热利肠、祛风化痰、凉血解毒、通经络、活血脉。胡萝卜不仅能缓解消化不良、咳嗽、久痢，还能调节血糖、血压。

清凉利尿，活血通经

温中健胃+预防疾病

木耳大米粥

材料

黑木耳20克，大米100克，白糖适量，葱少许。

做法

① 大米洗净泡发；黑木耳洗净泡发，切丝；葱洗净，切花。

② 锅置于火上，加入适量清水，放入大米，用大火煮至米粒开花。

③ 放入黑木耳丝，转小火煮至粥浓稠，加入白糖调味，撒上葱花即可。

养生功效

常食用黑木耳能适度调节血液中胆固醇的含量，适用于高血压、动脉血管硬化以及心脑血管疾病患者，也适用于肺阴虚劳、咳嗽以及气喘患者。

益气强生，活血止血

和胃健脾+缓解水肿

土豆葱花粥

材料

土豆30克，大米100克，盐适量，葱花少许。

做法

① 土豆去皮洗净，切小块；大米泡发洗净；葱洗净，切花。

② 锅置于火上，倒入适量清水，放入大米，用大火煮至米粒开花。

③ 放入土豆块，转小火煮至粥成，调入盐，撒上葱花即可食用。

养生功效

土豆具有和胃健脾、预防高血压的作用；葱花有舒张血管、促进血液循环的作用。二者合用，有助于缓解高血压导致的头晕以及改善消化不良、大便干结的情况。

和胃健脾，缓解水肿

高脂血症

由于脂肪代谢或运转异常使血浆一种或多种脂质高于正常水平称为高脂血症，脂质不溶或微溶于水，必须与蛋白质结合，并以脂蛋白形式存在。高脂血症的表现是血脂水平过高，并可直接引起一些严重危害人体健康的疾病。

☺食材、药材推荐

葵花子

薏米

小米

黄豆

黑木耳

香菇

山楂

柠檬

饮食原则

☑ 高膳食纤维　☑ 杂粮　☑ 清淡饮食　☑ 绿叶蔬菜　☒ 熏烤食物　☒ 动物油　☒ 高胆固醇

症因解读

原发性高脂血症与先天性和遗传有关。继发性高脂血症与年龄、性别、季节、饮酒、吸烟、饮食、体力活动、精神紧张、情绪活动等有关。

症状表现

高脂血症的发生和发展是一个缓慢渐进的过程，多数患者并无明显症状和异常体征，不少人是由于其他原因进行血液生化检验时才发现有血浆脂蛋白水平升高的情况。

护理指南

1. 合理的膳食结构，高脂血症的饮食原则是低热量、低脂肪、低胆固醇、低糖、高纤维膳食。

2. 严格控制热量的摄入，每人每天的热量摄入应控制在 1230 千焦 / 千克体重内，同时应控制动物脂肪和胆固醇的摄入量，每人每天不宜超过 300 毫克，尽量不吃动物内脏，蛋类摄入量每天不超过一个，多食用植物油。

3. 严格控制食盐的摄入，每人每天应少于 6 克。

食材、药材图典 • 黑木耳

【别名】光木耳、树耳、木蛾、黑菜。

【性味】性平，味甘。

【归经】入大肠、肺、脾经。

【功效】补气养血，润肺，止血。

【挑选】深黑色，有光泽，耳背呈暗灰色，无结块者为佳。干木耳用手握易碎，无韧性。

健康小贴士

高脂血症的传统疗法

选择任何自然舒适的体位，平静自然地呼吸，吸气默想“静”字，呼气默想“松”字，然后依次从头至脚放松，放松一遍约 5 分钟。

活血化瘀+调节血脂

木耳山楂米糊

材料

大米80克，山楂20克，黑木耳20克，白糖适量。

做法

❶ 大米洗净，用清水浸泡 2 小时；山楂、黑木耳分别泡发，黑木耳去蒂，撕碎。

❷ 将以上食材全部倒入豆浆机中，加水至上、下水位线之间，按下“米糊”键。

❸ 待米糊煮好后，倒入碗中，加入适量白糖，即可食用。

养生功效

山楂具有活血化瘀、调节血脂的作用；黑木耳具有减轻血液中胆固醇凝结于血管壁上的作用。本品具有润肺清热、生津止渴、助消化的作用。

疏风清热，明目解毒

保护血管弹性+预防高血压

葵花子黑豆浆

材料

葵花子25克，黑豆70克，白糖适量。

做法

❶ 黑豆洗净，用清水浸泡 6 ~ 8 小时；葵花子去壳，取仁，用温水浸泡半小时，洗净备用。

❷ 将以上食材全部倒入豆浆机中，加水至上、下水位线之间，按下“豆浆”键。

❸ 待豆浆机提示豆浆做好后，倒出过滤，再加入适量白糖，即可饮用。

养生功效

此款豆浆尤其适合高脂血症、动脉硬化以及高血压患者食用，并在一定程度上能起到保护血管的作用。

润滑皮肤，益智健脑

补脾利水，解毒乌发

调节胆固醇+减轻色素沉着

薏米柠檬红豆浆

材料

薏米20克，柠檬半个，红豆60克，白糖适量。

做法

❶ 红豆洗净，用清水浸泡 6 ~ 8 小时；薏米洗净，用清水浸泡 4 小时；柠檬洗净，去皮去籽，切成小块备用。

❷ 将以上食材倒入豆浆机中，加水至上、下水位线之间，按下“豆浆”键。

❸ 待豆浆做好后，倒出过滤，加入白糖，即可饮用。

养生功效

此款豆浆具有美容养颜、调整肠道的作用。

预防心血管疾病

小米黄豆粥

材料

小米70克，黄豆50克，盐适量。

做法

❶ 小米、黄豆分别洗净，小米用清水浸泡1小时；黄豆用清水浸泡6 ~ 8小时。

❷ 锅中加入适量的水，大火烧开，倒入黄豆煮至滚沸后加入小米同煮，边煮边搅拌，之后转小火继续慢熬至粥黏稠。

❸ 加入盐调味，待盐溶化后，将粥倒入碗中，即可食用。

养生功效

黄豆可起到预防心血管疾病的作用，与小米同熬为粥，其滋补强身的功效更加显著，适合体虚体弱者食用。

平稳血糖+调节血脂

香菇玉米粥

材料

香菇4朵，鲜玉米粒50克，大米70克，盐适量。

做法

❶ 大米洗净，用水浸泡 1 小时；香菇用温水泡发，去蒂，切片；鲜玉米粒洗净，沥干备用。

❷ 锅中加入适量的水，大火烧开，将所有食材一同下锅煮，边煮边搅拌。

❸ 待米煮开后，转小火慢熬至粥黏稠，加入适量的盐调味，待盐全部溶化后，将粥倒入碗中，即可食用。

养生功效

香菇中含有丰富的蛋白质和多种对人体有益的微量元素，具有补肾的作用。本品适合高血糖患者食用。

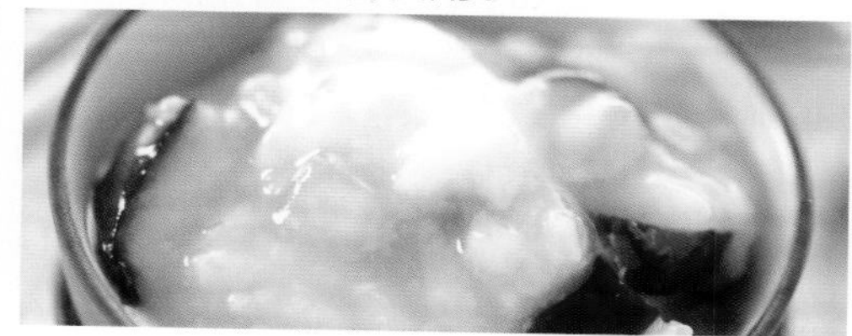

润肠通便+平稳血糖

枸杞南瓜粥

材料

南瓜20克，粳米100克，枸杞子15克，白糖适量。

做法

❶ 粳米泡发洗净；南瓜去皮去瓤，洗净，切块；枸杞子洗净，以上食材备用。

❷ 锅置于火上，锅中倒入清水，放入粳米，用大火煮至米粒开花。

❸ 放入枸杞子、南瓜块，用小火煮至粥成，调入白糖即成。

养生功效

本粥适合高血脂、高血糖患者食用，具有预防心脑血管疾病的作用，同时还能有效保护胃黏膜免受食品的刺激。

补中益气，化痰排脓

软化血管+改善气虚

红枣双米粥

材料

红枣、桂圆干各适量，黑米70克，薏米30克，白糖适量。

做法

❶ 黑米、薏米均洗净泡发；桂圆干洗净泡开；红枣洗净，切片备用。

❷ 锅置于火上，倒入清水，放入黑米、薏米煮开。

❸ 加入桂圆、红枣片同煮至粥呈浓稠状，调入白糖拌匀，即可食用。

养生功效

红枣富含维生素C，具有软化血管的作用，适合高胆固醇患者食用；薏米中含有丰富的水溶性膳食纤维，适合高血压患者食用，可以改善气虚、乏力等症状。

补益脾胃，养血补气

冠心病

冠心病是冠状动脉粥样硬化性心脏病的简称。血液中的脂质不能及时排出而沉着在原本光滑的动脉内膜上，久而久之就会造成动脉腔狭窄、血流受阻、心脏缺血缺氧、心绞痛等疾病。

☺食材、药材推荐

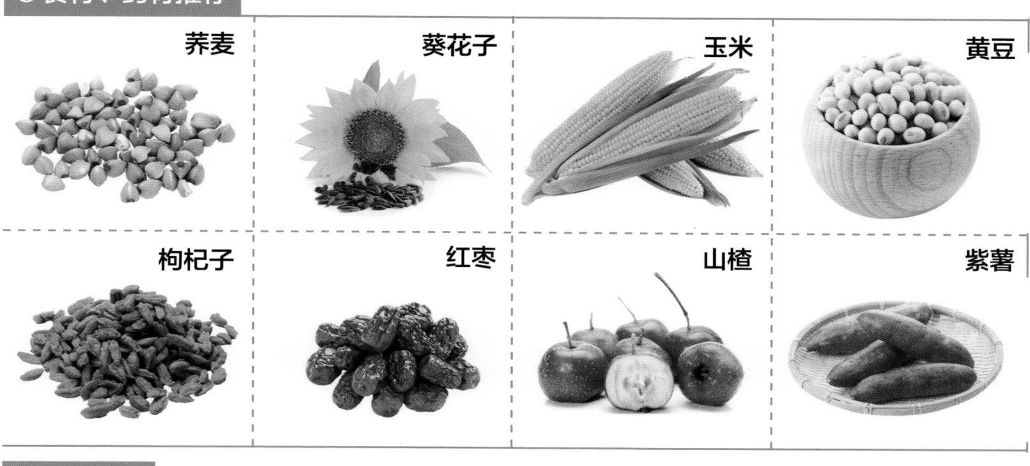

饮食原则

☑ 含黄酮类食物 ☑ 维生素 C ☑ 含碘食物 ☒ 高热量食物 ☒ 高脂肪 ☒ 高胆固醇

症因解读

高血压、超重、肥胖、高血糖、糖尿病、不良的生活方式、不合理膳食、缺少体力活动、过量吸烟饮酒，心理压力过大、家族史、季节变化等因素都会导致冠心病。

症状表现

因体力活动、情绪激动等诱因，突感心前区疼痛，多为发作性绞痛或压榨痛，并伴有恶心、呕吐、出汗、发热，血压下降、休克、心衰等症状。

护理指南

1. 控制总热量摄入和防止肥胖。热量的摄入以维持正常的生理消耗为度。

2. 忌饮酒。酒精会损害肝脏等器官，产生过多的热量，增加心脏消耗氧量，加重冠心病。

3. 忌喝浓茶。浓茶含咖啡因较多，可兴奋大脑，对冠心病的护理不利。

4. 注意饮食的规律性及合理性。不宜吃得过饱、过多，不吃过于油腻和过咸的食物，多吃蔬菜、水果。

食材、药材图典 • 葵花子

【别名】天葵子、望日葵子、向日葵子、瓜子。

【性味】性平，味甘。

【归经】归大肠经。

【功效】平稳血脂、防止贫血、改善失眠、增强记忆力、驱虫。

【禁忌】患有肝炎的人最好不吃葵花子，因为会损伤肝脏，引起肝硬化。

【挑选】果仁丰满，个大均匀为佳；颗粒干瘪，大小不匀者不宜购买；优质葵花子色泽光亮，触手干燥，用手轻捏可感觉到果仁饱满、硬实。

平稳胆固醇+预防冠心病

玉米黄豆米糊

材料

鲜玉米粒80克，大米30克，黄豆30克，白糖适量。

做法

❶ 鲜玉米粒洗净，捞出，沥水控干；大米洗净，用清水浸泡 2 小时；黄豆洗净，用清水浸泡 6 ~ 8 小时备用。

❷ 将以上食材全部倒入豆浆机中，加水至上、下水位线之间，按下“米糊”键；米糊煮好后，加入适量白糖，即可食用。

养生功效

玉米具有平稳胆固醇的作用，黄豆富含亚油酸和优质蛋白，二者同打成米糊食用，有利于冠心病和动脉硬化的改善。

宽中下气，补脾益气

美容养颜+润肠排毒

紫薯荞麦米糊

材料

紫薯50克，荞麦80克，白糖适量。

做法

❶ 紫薯洗净，去皮，切成小块；荞麦洗净，用清水浸泡 4 小时。

❷ 将以上食材全部倒入豆浆机中，加水至上、下水位线之间，按下“米糊”键。

❸ 待米糊煮好后，倒入碗中，加入适量的白糖，即可食用。

养生功效

此款米糊不仅具有增加动脉血管流量的作用，同时还有利于美容养颜、润肠排毒，特别适合消化不良者食用。

健胃消积，健脾消积

抗疲劳，抗衰老

改善营养+预防心脏病

枸杞红枣豆浆

材料

枸杞子15克，红枣10颗，黄豆60克，白糖适量。

做法

❶ 黄豆洗净，用清水浸泡6～8小时；红枣用温水泡发，去核；枸杞子用温水泡发备用。

❷ 将以上食材全部倒入豆浆机中，加水至上、下水位线之间，按下“豆浆”键。

❸ 待豆浆机提示豆浆做好后，倒出过滤，再加入适量的白糖，即可饮用。

养生功效

本品适合心血管疾病患者食用。

调节血压+改善冠心病

葵花子绿豆豆浆

材料

葵花子20克，绿豆30克，黄豆50克，白糖适量。

做法

❶ 黄豆、绿豆分别清洗干净后，用清水浸泡6～8小时；葵花子去壳，取仁，用温水浸泡半小时。

❷ 将以上食材全部倒入豆浆机中，加水至上、下水位线之间，按下“豆浆”键。

❸ 待豆浆机提示豆浆做好后，倒出过滤，再加入适量白糖，即可饮用。

养生功效

葵花子和绿豆适合高脂血症患者食用，二者同制成豆浆对冠心病和高血压有一定的改善作用。

平稳血压+调节血脂

山楂麦芽粥

材料

山楂30克，小麦胚芽50克，大米50克，白糖适量。

做法

❶ 大米、小麦胚芽分别洗净，用清水浸泡1小时；山楂用温水泡开，去核。

❷ 锅中加入适量清水，大火烧开，将所有食材一同倒入锅中同煮，边煮边搅拌。

❸ 待米煮至滚沸后，转小火继续慢熬至粥黏稠，加入适量白糖调味，待白糖溶化后，将粥倒入碗中，即可食用。

养生功效

此粥适合高血糖、高血压患者食用，并对心血管疾病有一定的改善作用。

生津止渴+健胃消食

西红柿桂圆粥

材料

西红柿、桂圆肉各20克，糯米100克，青菜少许，盐适量。

做法

❶ 西红柿洗净，切丁；桂圆肉洗净；糯米洗净，泡4小时；青菜洗净，切碎，以上食材备用。

❷ 锅置于火上，加入适量清水，放入糯米、桂圆，用旺火煮至米粒开花。

❸ 再放入西红柿丁，改用小火煮至粥浓稠时，下青菜碎稍煮，再加入盐调味即可。

养生功效

桂圆有保护血管、延缓血管硬化的作用；西红柿有清热解毒、生津止渴、健胃消食的作用。本粥有助于缓解感冒症状。

养血安神，补气助阳

滋润清热+利尿解毒

豆芽玉米粥

材料

黄豆芽、玉米粒各20克，大米100克，盐、芝麻油各适量。

做法

❶ 玉米粒洗净；豆芽洗净，摘去根部；大米洗净，泡1小时。

❷ 锅置于火上，倒入适量的清水，放入大米、玉米粒，用旺火煮至米粒开花。

❸ 再放入黄豆芽，改用小火煮至粥成，调入盐、芝麻油搅匀即可。

养生功效

黄豆芽不仅具有滋润清热、利尿解毒的作用，还有保护皮肤和毛细血管的功效。一般人群均可食用，尤其适合女性食用。

清热明目，补气养血

温中养胃+宁心安神

玉米山药粥

材料

玉米粒、山药、黄芪各20克，大米100克，盐适量。

做法

❶ 玉米粒洗净；山药去皮洗净，切块；黄芪洗净，切片；大米洗净泡发。

❷ 锅置于火上，倒入适量清水，放入大米，用大火煮至米粒开花，放入玉米粒、山药块、黄芪片。

❸ 改用小火煮至粥成，加盐调味即可。

养生功效

山药是虚弱、疲劳或病愈者恢复体力的上佳食材，比较适合希望提升自身免疫力的人群和高血压、冠心病患者食用。本品能通过促进免疫物质的生成，达到提高免疫力的效果。

健脾胃，益肺肾

补脾开胃，滋阴润肺

滋阴润燥+益气养胃

桂圆银耳粥

材料

银耳、桂圆肉各适量，大米100克，白糖适量。

做法

❶ 大米洗净，清水泡1小时；银耳洗净泡发，切碎；桂圆肉洗净备用。

❷ 锅置于火上，倒入清水，放入大米、银耳碎，大火煮至米粒开花。

❸ 待粥煮至浓稠状时，放入桂圆肉同煮片刻，调入白糖，拌匀即可。

养生功效

桂圆中含有蛋白质、脂肪、碳水化合物、粗纤维等营养物质；银耳中含有维生素、天然植物性胶质等营养物质，能滋阴润燥、益气养胃，以及能很好地缓解神经虚弱和焦虑等状况。

贫血

贫血是指人体外周血红细胞容量减少，低于正常范围下限的一种常见的临床症状。成年男子的血红蛋白如低于 130 克 / 升，成年非妊娠女子的血红蛋白如低于 120 克 / 升，即为贫血。贫血发生时会产生乏力、筋疲力尽、心情忧郁和易怒不安等症状。

☺食材、药材推荐

紫米

花生

核桃

红枣

桂圆

黑木耳

菠菜

猪肝

饮食原则

☑ 荤素搭配　☑ 含铁食物　☑ 维生素 C　☑ 优质蛋白质　☒ 偏食　☒ 烟酒　☒ 辛辣

症因解读

贫血可分为造血不良性、失血性和溶血性三大类。造血细胞、骨髓造血微环境和造血原料的异常影响红细胞生成，可形成红细胞生成减少性贫血。

症状表现

头昏、耳鸣、头痛、失眠、多梦、记忆减退、注意力不集中等。

护理指南

1. 补充蛋白质、铁及维生素 C。进餐时喝 1 杯富含维生素 C 的饮料，多吃新鲜蔬菜和水果。

2. 补充 B 族维生素和钙。钙可以缓解磷对铁吸收的不利影响，有助于提高铁的吸收率。

3. 叶酸有助于造血，若体内叶酸浓度不足，可增加柠檬汁、蘑菇、蛋类、牛奶、菠菜、南瓜、草莓、麦芽与酿酒酵母的摄入。

食材、药材图典 • 紫米

【别名】紫糯米、接骨糯、紫珍珠。

【性味】性温，味甘。

【归经】入肝、肾经。

【功效】滋阴补肾、健脾暖肝、补血益气。

【禁忌】高血糖患者应控制摄入总量。

【挑选】米粒较大且饱满，颗粒均匀、有米香、无杂质者为佳。

健康小贴士

贫血按摩疗法

双手大拇指按揉太阳穴 30~50 次，力度以产生胀痛感为宜；按揉百会、印堂、率谷、安眠各 30~50 次，以产生酸痛感为宜。

改善循环+预防贫血

红枣核桃米糊

材料

大米70克，核桃30克，红枣15颗，白糖适量。

做法

❶ 大米洗净，用清水浸泡2小时；核桃、红枣用温水泡开；红枣去核，备用。

❷ 将以上食材全部倒入豆浆机中，加水至上、下水位线之间，按下“米糊”键。

❸ 米糊煮好后，豆浆机会提示做好，倒入碗中，加入适量白糖，即可食用。

养生功效

此款米糊不仅可起到改善血液循环、预防贫血的作用，而且有补气健脾、延缓衰老的功效。常食有益于大脑补充营养，具有健脑益智的作用。

补益脾胃，养血补气

养血安神，补气助阳

健脾益胃，利尿消肿

养血安神+补气助阳

红豆桂圆豆浆

材料

红豆20克，桂圆20克，黄豆50克，白糖适量。

做法

❶ 黄豆、红豆洗净，用清水浸泡6～8小时；桂圆去壳，取肉备用。

❷ 将以上食材全部倒入豆浆机中，加水至上、下水位线之间，按下“豆浆”键。

❸ 待豆浆做好后，倒出过滤，再加入适量白糖，即可饮用。

养生功效

红豆具有补心血的作用；桂圆养血安神、补气助阳。二者同制成豆浆，经常饮用可起到改善贫血及贫血性头晕的作用。产生上火发炎症状的人不宜饮用。

生血补血+养血驻颜

红枣木耳紫米糊

材料

紫米80克，黑木耳15克，红枣5颗，白糖适量。

做法

❶ 紫米洗净，用清水浸泡4小时；黑木耳用温水泡发，去蒂，撕碎；红枣用温水泡发，去核。

❷ 将以上食材全部倒入豆浆机中，加水至上、下水位线之间，按下"米糊"键。

❸ 待米糊煮好后，倒入碗中，加入适量白糖，即可食用。

养生功效

黑木耳、紫米、红枣三者同制成米糊，尤其适合血虚体弱者食用。

补气活血+补充铁质

花生红枣蛋花粥

材料

花生20克，红枣10颗，鸡蛋1个，糯米100克，白糖适量。

做法

❶ 糯米洗净，用清水浸泡2小时；花生、红枣分别用温水泡开，红枣去核；鸡蛋打入碗中，搅拌均匀，以上食材备用。

❷ 锅中倒水，大火烧开，倒入糯米、花生、红枣同煮至滚沸后转小火慢熬；待粥快熟时，将鸡蛋液调入粥中，再加入白糖调味，待白糖溶化后，将粥倒入碗中，即可食用。

养生功效

本品含有丰富的铁元素，可促进人体内血红蛋白的合成，有利于预防缺铁性贫血。

补气活血+防治贫血

猪肝菠菜粥

材料

猪肝40克，菠菜50克，大米100克，盐适量，油适量。

做法

❶ 大米洗净，用清水浸泡半小时；猪肝洗净，切片，入沸水焯去血污，捞起，控干；菠菜洗净，切段，入沸水略焯，捞起备用。

❷ 锅中加水，大火烧开，倒入大米煮至滚沸后，改用小火慢熬。

❸ 待粥煮至八成熟时，倒入猪肝片、菠菜段煮熟，加入适量的盐、油调味，继续熬煮5分钟，将粥倒入碗中，即可食用。

养生功效

猪肝和菠菜同煮成粥，可以显著缓解缺铁性贫血的症状。

失眠

失眠是指无法入睡或无法保持睡眠状态，导致睡眠不足，又称入睡和维持睡眠障碍。一般会有各种原因引起入睡困难、睡眠深度过浅、早醒及睡眠时间不足或质量差等。失眠往往会给患者带来极大的痛苦和心理负担。

☺食材、药材推荐

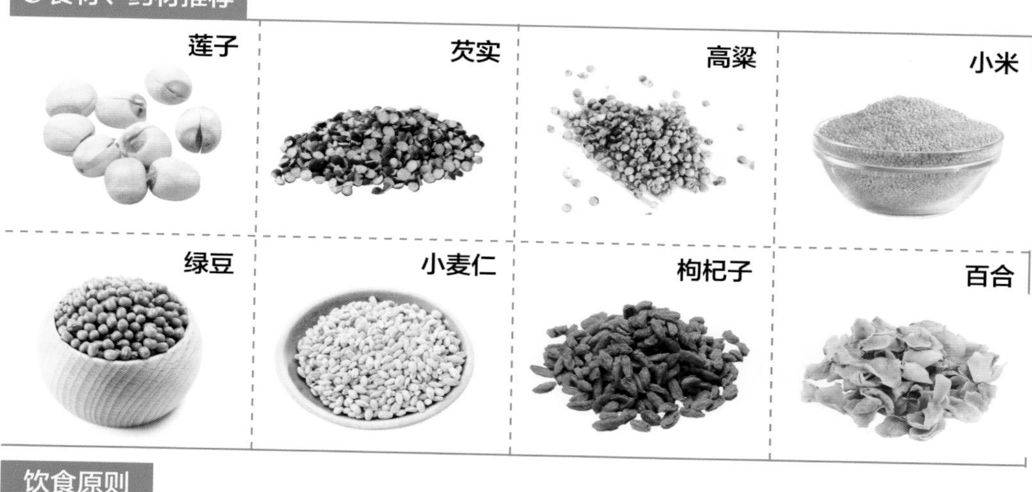

饮食原则

☑ 清淡饮食 ☑ 含色氨酸食物 ☑ B 族维生素 ☒ 烟酒 ☒ 咖啡 ☒ 油腻食物 ☒ 生冷食物

症因解读

失眠是由于思想的冲突、工作的紧张、学习的困难、希望的幻灭、亲人的离别，或是成功的喜悦等心理因素，又或是大病初愈、年迈、禀赋不足、心虚胆怯等病因，引起心神失养或心神不安，从而导致经常不能正常睡眠的现象。

症状表现

入睡困难，不能熟睡，睡眠时间减少，早醒，醒后无法再入睡，频频从噩梦中惊醒，自感整夜都在做噩梦，睡觉之后精力没有恢复。

护理指南

1. 尽量避免摄入可引起压力的食品，例如咖啡、茶、油炸食品等。

2. 合理分配三餐。早餐宜吃得丰盛充足，午餐适中，晚餐则清淡少量，合理规律的饮食有助于调节睡眠，改善睡眠质量。

3. 饮食清淡为宜，避免高油脂的肉类及蛋糕、点心。睡前用热水泡脚以及喝牛奶有助于睡眠。

4. 烦躁不易入睡时，喝杯糖水，可生成大量血清素，抑制大脑皮层兴奋。

食材、药材图典 • 莲子

【别名】白莲、莲实、莲米、莲肉。

【性味】性平，味甘、涩。

【归经】入脾、肾、心经。

【功效】清心醒脾、补脾止泻、补中养神、健脾补胃、止泻固精、益肾涩精、止带。

【禁忌】长期便秘患者及大便燥结者，忌服。不能与牛奶同服，否则可能会加重便秘。

【挑选】外表呈嫩绿黄色，颗粒饱满，有天然淡香味者为佳。

健脾和胃+有助睡眠

高粱小米豆浆

材料

高粱30克，小米20克，黄豆50克，白糖适量。

做法

❶ 黄豆洗净，用清水浸泡6～8小时；高粱、小米分别洗净，用清水浸泡4小时。

❷ 将以上食材全部倒入豆浆机中，加水至上、下水位线之间，按下“豆浆”键。

❸ 待豆浆机提示豆浆做好后，倒出过滤，再加入适量白糖，即可饮用。

养生功效

此款豆浆具有健脾和胃以及提高睡眠质量的功效，尤其适合脾胃不和而导致的失眠人群饮用。本品对口干舌燥、形体消瘦者尤为适宜。

利尿消肿，清热解毒

缓解多梦+宁心安神

百合枸杞豆浆

材料

百合20克，枸杞子15克，黄豆60克，白糖适量。

做法

❶ 黄豆洗净，用清水浸泡6～8小时；百合、枸杞子分别用温水泡开。

❷ 将以上食材全部倒入豆浆机中，加水至上、下水位线之间，按下“豆浆”键。

❸ 待豆浆机提示豆浆做好后，倒出过滤，再加入适量白糖，即可饮用。

养生功效

此款百合枸杞豆浆对失眠、惊悸、多梦都有一定的改善作用，具有润肺止咳、宁心安神之效。

养心安神，润肺止咳

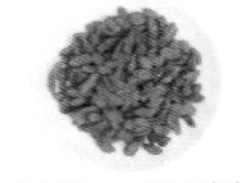
养肝滋肾，润肺补虚

养心安神+清热除烦

小米绿豆粥

材料

小米70克，绿豆50克，盐适量。

做法

❶ 小米、绿豆分别洗净，小米用清水浸泡 1 小时，绿豆用清水浸泡 4 小时。

❷ 锅中加水，大火烧开，倒入绿豆煮至滚沸后加入小米同煮，边煮边搅拌，再次煮开后，转小火继续慢熬至粥黏稠，加入盐调味，待盐溶化后，将粥倒入碗中，即可食用。

养生功效

小米和绿豆制成的粥对肝火过旺造成的失眠有一定的改善作用。

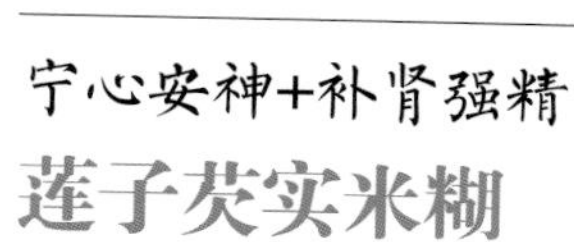

宁心安神+补肾强精

莲子芡实米糊

材料

大米80克，莲子20克，芡实20克，白糖适量。

做法

❶ 大米洗净，用清水浸泡 2 小时；莲子、芡实分别用温水泡开；莲子去衣、去芯。

❷ 将以上食材全部倒入豆浆机中，加水至上、下水位线之间，按下“米糊”键。

❸ 待米糊煮好后，倒入碗中，加入适量白糖，即可食用。

养生功效

莲子可以宁心安神；芡实有助于健脾、补肾强精。二者同制成米糊食用，可起到静心、缓解压力、助眠的作用。

行气补血+有助睡眠

糯米小麦粥

材料

糯米50克，小麦仁50克，花生15克，白糖适量。

做法

❶ 糯米、小麦仁分别洗净，用清水浸泡 4 小时；花生用温水泡开，备用。

❷ 锅中加水，大火烧开，将所有食材一起倒入锅中同煮，边煮边搅拌。

❸ 待食材煮开后，转小火继续慢熬至粥黏稠，加入适量的白糖调味，待白糖溶化后，将粥倒入碗中，即可食用。

养生功效

本品适合心血不足、心悸不安者食用，具有适当改善睡眠质量的作用。

脂肪肝

脂肪肝是指由于各种原因引起的肝细胞内脂肪堆积过多的一种现象。脂肪肝是一种常见的临床现象，并非是一种独立的疾病。脂肪肝一般分为酒精性脂肪肝和非酒精性脂肪肝两大类。

☺食材、药材推荐

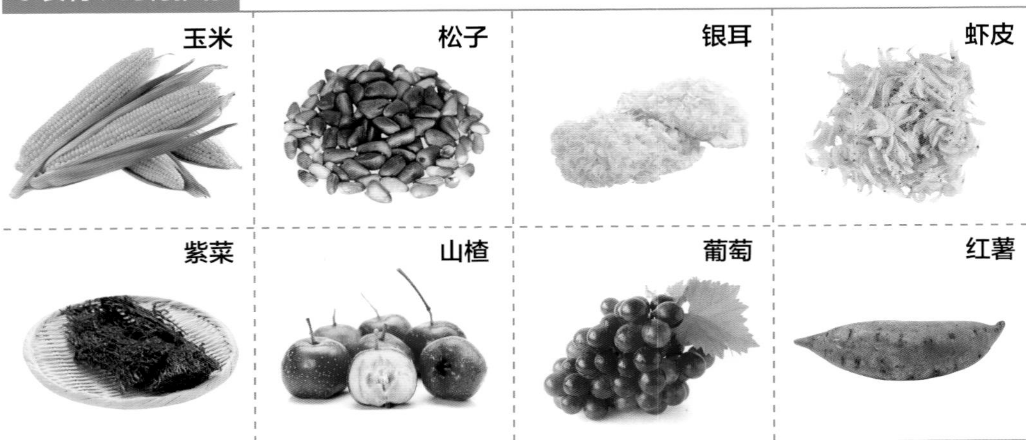

饮食原则

☑ 高膳食纤维　☑ 植物蛋白　☑ 粗粮　☑ 低脂　☒ 烟酒　☒ 辛辣　☒ 高糖　☒ 动物油

症因解读

体重超重、长期嗜酒、快速减肥、营养不良、糖尿病、药物刺激、妊娠、病毒以及细菌感染等都会导致脂肪肝。

症状表现

食欲不振、疲倦乏力、恶心呕吐、肝区或右上腹隐痛、舌炎、口角炎、皮肤瘀斑、四肢麻木、四肢感觉异常等。重度脂肪肝患者可以有腹腔积液和下肢水肿、电解质紊乱等症状。

护理指南

1. 调整饮食结构。宜采用高蛋白质、高维生素、低糖、低脂肪的饮食方式。不吃或少吃动物性脂肪、甜食。多吃青菜、水果和富含膳食纤维的食物，多吃高蛋白质的瘦肉、豆制品等。

2. 补硒。硒能让肝脏中谷胱甘肽过氧化物酶的活性达到正常水平，对养肝护肝起到良好作用。

3. 慎用药物。药物进入体内都要经过肝脏解毒，在选用药物时要慎重。

食材、药材图典•紫菜

【别名】索菜、子菜、膜菜、紫瑛。

【性味】性寒，味甘、咸。

【归经】入肺、脾经。

【功效】化痰软坚，清热利尿。

【禁忌】紫菜性寒凉，脾胃虚寒、腹痛便溏之人应不食或少食。每次不能食用太多，以免引起腹胀、腹痛。

【挑选】外观有紫黑色光泽(有的呈紫红色或紫褐色)，片薄，有芳香和鲜美味道，清洁无杂质者为佳。

保护心脏+维持血压

红薯大米糊

材料

红薯80克，大米80克，白糖适量。

做法

❶ 红薯洗净，去皮，切成小块；大米洗净，用清水浸泡 2 小时。

❷ 将以上食材全部倒入豆浆机中，加水至上、下水位线之间，按下“米糊”键。

❸ 豆浆机提示米糊煮好后，倒入碗中，加入适量白糖，即可食用。

养生功效

红薯含有丰富的钾元素，有助于保持心脏健康、维持血压处于正常水平及促进胆固醇的排泄。

下气补虚，健脾开胃

补中益气，健脾养胃

延缓衰老+预防便秘

香菇燕麦粥

材料

香菇、白菜、葱各适量，燕麦片60克。

做法

❶ 燕麦片泡发洗净；香菇洗净切片；白菜洗净切丝；葱洗净切花。

❷ 锅置火上，倒入适量清水，放入燕麦片，用大火煮开。

❸ 加入香菇片、白菜丝同煮至浓稠状，调入盐拌匀，撒上葱花即可。

养生功效

香菇具有提高机体免疫功能、延缓衰老的作用，适合高血压、高胆固醇患者食用；燕麦有“天然美容师”之称。二者合煮成粥，适合患有糖尿病以及脂肪肝的人群食用，同时还具有提升体质、预防便秘的作用。

健脾开胃，延缓衰老

延年益寿，瘦身减肥

调节胆固醇+稳定甘油三酯

紫菜虾皮粥

材料

紫菜15克，虾皮15克，松子15克，大米100克，盐适量。

做法

❶ 大米洗净，用清水浸泡 1 小时；紫菜撕小块，用清水泡开；虾皮、松子分别用清水洗净，控干。

❷ 锅中加水，大火烧开，倒入大米煮开后转小火慢熬 20 分钟，加入紫菜块、虾皮、松子同煮至粥黏稠，再加入盐，待盐溶化后，将粥倒入碗中，即可食用。

养生功效

本品适合高胆固醇以及骨质疏松患者食用，在一定程度上具有增加机体免疫力、预防动脉硬化的作用。

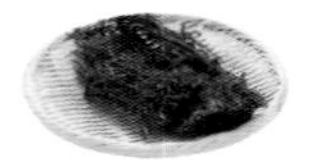

化痰软坚，清热利水

补肾壮阳，理气开胃

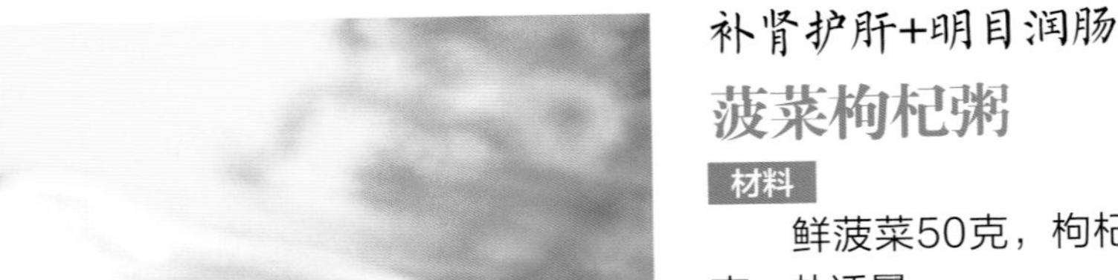

通便清热，理气补血

养肝滋肾，润肺补虚

补肾护肝+明目润肠

菠菜枸杞粥

材料

鲜菠菜50克，枸杞子15克，大米70克，盐适量。

做法

❶ 大米洗净，用清水浸泡 1 小时；菠菜洗净，切段，入沸水略焯；枸杞子用温水泡开备用。

❷ 锅中加水，大火烧开，倒入大米煮至滚沸后，加入菠菜段、枸杞子同煮，边煮边搅拌。

❸ 待再次煮开后，转小火慢熬至粥黏稠，加入适量的盐调味，待盐溶化后，将粥倒入碗中，即可食用。

养生功效

本品具有补肾护肝，以及明目、润肠、益精、清热等功效，食用菠菜可以润肠通便，有利于减肥。

平稳胆固醇+补充气血

海带黑豆红枣粥

材料

海带30克，黑豆50克，红枣8颗，大米50克，盐适量。

做法

❶ 大米、黑豆分别洗净，大米用清水浸泡1小时，黑豆用清水浸泡4小时；海带洗净，切丝；红枣用温水泡开，去核备用。

❷ 锅中倒水，大火烧开，倒入黑豆煮至滚沸后加入大米、海带丝、红枣同煮，边煮边搅拌。

❸ 煮至再次滚沸后，转小火继续慢熬至粥黏稠，加入适量的盐调味，待盐溶化后，将粥倒入碗中，即可食用。

养生功效

本品适合高胆固醇人群食用。

改善肝脏+滋阴补肾

银耳玉米糊

材料

鲜玉米粒80克，银耳1朵，枸杞子5克，白糖适量。

做法

❶ 鲜玉米粒洗净，沥干水分；银耳用温水泡发，去蒂，撕碎；枸杞子用温水泡开备用。

❷ 将以上食材全部倒入豆浆机中，加水至上、下水位线之间，按下“米糊”键。

❸ 待玉米糊煮好后，倒入碗中，加入适量白糖，即可食用。

养生功效

此款玉米糊具有改善肝脏功能的作用。

改善脂肪肝+补气护肝

玉米葡萄豆浆

材料

鲜玉米粒20克，葡萄30克，黄豆50克，白糖适量。

做法

❶ 黄豆洗净，用清水浸泡6～8小时；鲜玉米粒洗净；葡萄洗净，去皮，去籽。

❷ 将以上食材全部倒入豆浆机中，加水至上、下水位线之间，按下“豆浆”键。

❸ 待豆浆机提示豆浆做好后，倒出过滤，再加入适量白糖，即可饮用。

养生功效

鲜玉米以及葡萄非常适合患有脂肪肝的人群食用。

骨质疏松

骨质疏松是一种以低骨量和骨组织微结构破坏为特征，导致骨质脆性增加和易于骨折的全身性骨代谢性疾病。常见于老年人，但各年龄时期均有发病的可能。特发性骨质疏松主要发生在青少年，病因尚不明确。

☺食材、药材推荐

饮食原则

☑ 含钙食物　☑ 维生素 C　☑ 优质蛋白质　☑ 绿叶蔬菜　☒ 烟酒　☒ 辛辣　☒ 咖啡因

症因解读

内分泌失调、妊娠、哺乳、营养不良、酒精中毒、遗传、肝病、肾脏病、药物刺激、长期卧床、骨折、类风湿性关节炎、肿瘤等都会导致骨质疏松。

症状表现

椎体压缩性骨折，可出现局部疼痛。多个椎体压缩者，出现驼背，身高变矮。非椎体骨折时，疼痛和畸形表现更加严重。患者活动受限，生活难以自理，增加肺部感染风险。

护理指南

1. 补充充足的钙、蛋白质。要常吃含钙量丰富的食物，如排骨、虾皮、海带、黑木耳、核桃等。也可以选用牛奶、鸡蛋、瘦肉、豆制品等。

2. 宜摄入充足的维生素 D 及维生素 C，因其在骨骼代谢上起着重要的调节作用。应多吃新鲜蔬菜，如苋菜、香菜、小白菜，还要多吃水果。

3. 忌辛辣、过咸、过甜等刺激性食品，忌烟酒。坚持体育锻炼，尽量接受充足日照。

食材、药材图典 • 牛奶

【性味】性平，味甘。

【归经】归肺、胃经。

【功效】补肺养胃、生津润肠。

【禁忌】牛奶加热过程中不宜加糖，不宜与酸性水果或果汁搭配，刚挤出的牛奶不宜立即饮用。

【挑选】颜色为乳白色或是微黄色，并且有淡淡的奶香，没有其他异味，无沉淀、无杂质、无凝结，且为均匀的流体者为佳。

改善骨质疏松

桑葚红枣米糊

材料

大米70克，桑葚30克，红枣10颗，白糖适量。

做法

❶ 大米洗净，用清水浸泡 2 小时；桑葚用温水泡开；红枣用温水泡开，去核。

❷ 将以上食材全部倒入豆浆机中，加水至上、下水位线之间，按下“米糊”键。

❸ 待米糊煮好后，倒入碗中，加入适量白糖，即可食用。

养生功效

此款米糊具有预防人体骨骼关节硬化、改善骨质疏松的作用。

滋补强身+强筋健骨

虾仁米糊

材料

大米80克，虾仁50克，葱花、料酒、盐各适量。

做法

❶ 大米洗净，用清水浸泡 2 小时；虾仁去虾线，洗净，用刀面拍烂，料酒腌渍 15 分钟。

❷ 将以上食材全部倒入豆浆机中，加水至上、下水位线之间，按下“米糊”键。

❸ 待米糊煮好后，倒入碗中，加入适量的盐，撒上葱花，即可食用。

养生功效

本品具有很强的滋补功效，非常适合中老年人食用。

滋补强身+强筋健骨

黑芝麻牛奶豆浆

材料

黑芝麻20克，牛奶200毫升，黄豆50克，白糖适量。

做法

❶ 黄豆洗净，用清水浸泡 6 ~ 8 小时；黑芝麻洗净，沥水控干。

❷ 将以上食材和牛奶一起倒入豆浆机中，加水至上、下水位线之间，按下“豆浆”键。

❸ 待豆浆机提示做好后，倒出过滤，再加入适量白糖，即可饮用。

养生功效

黑芝麻和牛奶共同制成豆浆，具有很强的滋补作用，适合中老年人食用。

湿疹

湿疹是由多种内外因素引起的表皮及真皮浅层的炎症性皮肤病，可发生于任何年龄、任何季节、任何部位，具有过敏性、易瘙痒、易反复等特点。

☺食材、药材推荐

绿豆

薏米

燕麦

苦瓜

黄瓜

冬瓜

马齿苋

百合

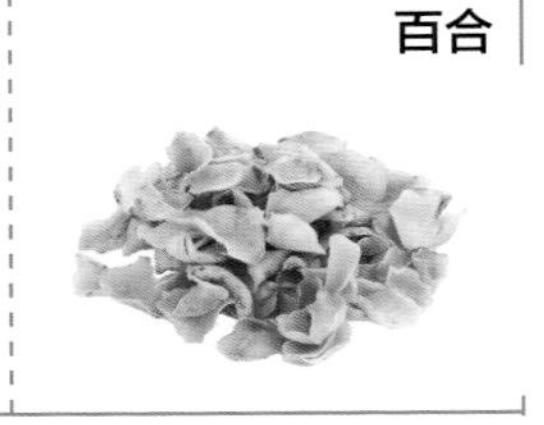

饮食原则

☑ 清淡饮食 ☑ 高纤维食物 ☑ 维生素 E ☑ 绿叶蔬菜 ☒ 发物 ☒ 辛辣食物 ☒ 鸡蛋

症因解读

消化系统疾病、失眠、过度疲劳、情绪变化、内分泌失调、感染等都会引起湿疹。生活环境、气候变化、食物等均可影响湿疹的发生。

症状表现

初为多数密集的粟粒大小的丘疹、丘疱疹或小水疱，基底潮红，逐渐融合成片，由于搔抓，丘疹、丘疱疹或水疱顶端抓破后呈明显的点状渗出及小糜烂面。

护理指南

1. 宜多选用清热利湿的食物，如绿豆、苋菜、荠菜、马齿苋、冬瓜等。

2. 多摄入富含维生素和矿物质的食物，如绿叶菜汁、鲜果汁、西红柿汁、菜泥、果泥等。

3. 保持正常的消化和吸收能力，饮食应以清淡为主。少食油腻、辛辣之物。

4. 患病后应忌辣椒、毛笋、糯米、肉、葱、咖啡、烟、酒、可可、海鲜等。

食材、药材图典 • 苦瓜

【别名】凉瓜、锦荔枝。

【性味】性寒，味苦。

【归经】入心、脾、肺经。

【功效】清热解暑，明目解毒。

【禁忌】苦瓜含奎宁，刺激子宫收缩，孕妇慎食。

【挑选】果瘤大、果形直立、颗粒饱满者为佳。

健康小贴士

宝宝湿疹的护理方法

避免太阳直晒，衣被不可过厚，避免汗液刺激，衣服应宽松，棉织品最合适，不要让化纤接触皮肤。宝宝的衣服、尿布、枕巾要勤洗、勤换，用洗涤剂洗后须彻底冲洗。

利水消肿+除湿静心

百合绿豆薏米粥

材料

百合30克，绿豆40克，薏米20克，大米50克，白糖适量。

做法

❶ 大米、绿豆、薏米分别洗净，大米用清水浸泡 1 小时，绿豆、薏米用清水浸泡 4 小时；百合用温水泡开备用。

❷ 锅中加水，大火烧开，倒入绿豆、薏米，煮开后加入大米、百合同煮，边煮边搅拌。

❸ 待食材再次煮开后，转小火继续慢熬至粥黏稠，加入适量白糖调味，待白糖溶化后，将粥倒入碗中，即可食用。

养生功效

百合安神；绿豆、薏米都具有利水的功效。三种食材同熬成粥，经常食用有很好的消肿、除湿、安神静心作用，适宜湿疹患者。体虚寒者不宜多食或久食。

利尿消肿，清热解毒

清热解毒，消暑开胃

利水清热+消肿除湿

绿豆薏米糊

材料

绿豆50克，薏米50克，生燕麦片20克，白糖适量。

做法

❶ 绿豆洗净，用清水浸泡 6 ~ 8 小时；薏米洗净，用清水浸泡 4 小时；生燕麦片洗净，控干。

❷ 将以上食材全部倒入豆浆机中，加水至上、下水位线之间，按下“米糊”键。

❸ 豆浆机会提示薏米糊做好后，倒入碗中，加入适量白糖，即可食用。

养生功效

绿豆、薏米都具有利水、清热、消肿的功效。此款薏米糊尤其适合湿疹患者食用。

祛湿除热+缓解湿疹

苦瓜绿豆浆

材料

苦瓜半根，绿豆50克，白糖适量。

做法

❶ 绿豆洗净，用清水浸泡6～8小时；苦瓜洗净，切成块状备用。

❷ 将以上食材全部倒入豆浆机中，加水至上、下水位线之间，按下“豆浆”键。

❸ 待豆浆机提示豆浆做好后，倒出过滤，再加入适量白糖，即可饮用。

养生功效

此款豆浆性偏寒，祛湿除热效果显著，体寒体虚者不宜长期饮用。

利尿消肿+清热解毒

冬瓜薏米粥

材料

冬瓜40克，薏米30克，大米60克，香菜1根，盐适量。

做法

❶ 大米、薏米洗净，大米用清水浸泡1小时，薏米用清水浸泡4小时；冬瓜洗净，去皮去瓤，切块；香菜洗净，切碎。

❷ 锅中倒水，大火烧开，倒入薏米煮沸后加入大米、冬瓜块同煮，边煮边搅拌，再次煮开后转小火慢熬至粥黏稠，加入盐调味，撒上香菜末，出锅即可。

养生功效

此粥具有利尿消肿、清热解毒的功效，适合水肿型肥胖患者食用。

清热解毒+美容养颜

薏米黄瓜绿豆浆

材料

薏米20克，黄瓜半根，绿豆50克，白糖适量。

做法

❶ 绿豆洗净，用清水浸泡6～8小时；薏米洗净，用清水浸泡4小时；黄瓜洗净，去皮，切成小块。

❷ 将以上食材全部倒入豆浆机中，加水至上、下水位线之间，按下“豆浆”键。

❸ 待豆浆机提示豆浆做好后，倒出过滤，再加入适量白糖，即可饮用。

养生功效

此款豆浆除了具有祛湿作用，还具有清热解毒、美容养颜的功效，还能起到补水润肤的作用。

月经不调

月经不调是一种妇科常见病，表现为月经周期或出血量的异常，或是月经前、经期时的腹痛及全身症状，病因可能是器质性病变或是功能失常。

☺食材、药材推荐

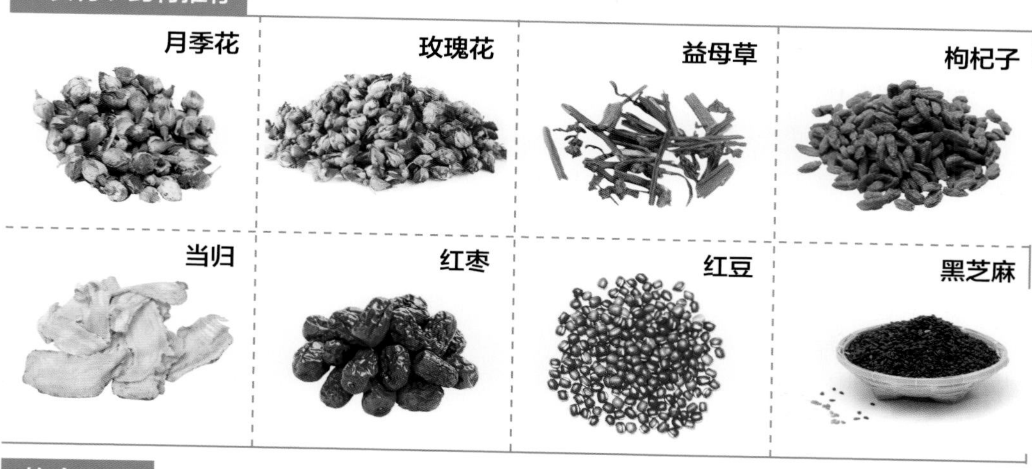

饮食原则

☑ 新鲜果蔬 ☑ 活血食物 ☑ 含铁食物 ☒ 生冷 ☒ 辛辣 ☒ 寒性食物 ☒ 烟酒

症因解读

许多全身性疾病如高血压、肝病、流产、宫外孕、生殖道感染、肿瘤等均会引起月经失调。

症状表现

月经前期，月经提前而至，量多，色深红或紫红，质黏而稠，伴心烦、口干、面红、尿黄、便干、舌质红、舌苔黄。月经后期，症见经期延后，色黯量少，伴小腹冷痛、面色苍白等症状。

护理指南

1. 月经来潮前一周的饮食宜清淡，易消化，富营养。月经来潮初期时，多吃一些开胃、易消化的食物。月经后期需要多补充富含蛋白及铁、钾、钠、钙、镁的食物。

2. 忌食辛燥、油腻、寒凉食物，如姜、酒、辣椒、冷饮、油炸食物等。饮食应以易消化、开胃醒脾的食物为主，忌伤胃之物。

食材、药材图典 • 益母草

【别名】益母蒿、益母艾、红花艾、坤草。

【性味】性微寒，味苦、辛。

【归经】入心、肝、膀胱经。

【功效】活血调经，利尿消肿，清热解毒。

【禁忌】孕妇禁用。高血压、糖尿病患者慎服。

【挑选】叶片短段状，茎略呈方柱形，节略膨大，气微味苦者为佳。

健康小贴士

月经不调按摩疗法

将左手掌叠放在右手背上，将右手掌心放在肚脐下，适当用力顺时针绕脐周按摩腹部 1~3 分钟，至腹部发热为佳。

补肾调经+乌发强心

枸杞黑芝麻红豆浆

材料

枸杞子15克，黑芝麻20克，红豆60克，白糖适量。

做法

❶ 红豆洗净，用清水浸泡6～8小时；黑芝麻洗净，沥水控干；枸杞子用温水泡开。

❷ 将以上食材全部倒入豆浆机中，加水至上、下水位线之间，按下"豆浆"键。

❸ 待豆浆机提示豆浆做好后，倒出过滤，再加入适量白糖，即可饮用。

养生功效

此款豆浆不仅具有补肾调经的功效，还可起到乌发、强心、美容的作用，尤其适合经常便秘的人群食用。

补肝肾，润五脏

调经解痛+稳定血压

当归米糊

材料

大米70克，当归20克，红枣5颗，白糖适量。

做法

❶ 大米洗净，用清水浸泡2小时；当归加水煎煮，取汁备用；红枣用温水泡开，去核备用。

❷ 将以上食材倒入豆浆机中，加水至上、下水位线之间，按下"米糊"键。

❸ 豆浆机提示米糊煮好后，倒入碗中，加入适量白糖，即可食用。

养生功效

此款米糊不仅有调经解痛的作用，还对心血管疾病、高血压、高脂血症有一定的缓解作用。红枣中富含微量元素铁，对人体的毛细血管有一定的保护作用。

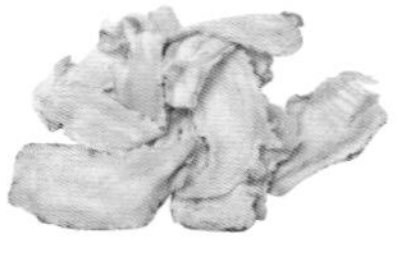

补血活血，调经止痛

补益脾胃，养血补气

活血调经+消肿解毒

月季花米糊

材料

大米100克，干月季花15克，白糖适量。

做法

❶ 大米洗净，用清水浸泡 2 小时；月季花用温水泡开，撕碎备用。

❷ 将以上食材全部倒入豆浆机中，加水至上、下水位线之间，按下“米糊”键。

❸ 豆浆机提示米糊煮好后，倒入碗中，加入适量白糖，即可食用。

养生功效

此款月季花米糊具有活血调经、消肿解毒、美容的功效，尤其适合女性食用。

调经行血+提升食欲

玫瑰香粥

材料

玫瑰花15克，糯米100克，白糖适量。

做法

❶ 糯米洗净，用清水浸泡 4 小时；玫瑰花用温水泡开，大部分切碎，剩余 1 ~ 2 朵捞起沥干水分，装饰备用。

❷ 锅中加水，大火烧开，倒入糯米熬煮，边煮边搅拌；待米煮开后，加入玫瑰花碎转小火慢熬至粥黏稠，再加入白糖，撒上剩余的玫瑰花装饰，出锅即可食用。

养生功效

玫瑰花有理气活血、收敛的作用，适用于月经不调、跌打损伤、肝胃气痛等人群。本品具有调经行血、健脾养胃的功效。

清热解毒+美容养颜

益母草大米粥

材料

益母草30克，大米100克，红糖适量。

做法

❶ 大米洗净，用清水浸泡 1 小时；益母草加水煎煮，取汁备用。

❷ 锅中加水，大火烧开，倒入大米熬煮，边煮边搅拌。

❸ 待米煮开后，加入益母草汁转小火慢熬至粥黏稠，再加入适量红糖，待红糖溶化后，将粥倒入碗中，即可食用。

养生功效

益母草具有活血调经、利尿消肿的功效。本品尤其适合月经不调、痛经、经闭、恶露不净、水肿尿少以及急性肾炎患者食用。

活血化瘀+补血养颜

益母草红枣粥

材料

益母草20克，红枣10颗，大米100克，红糖适量。

做法

❶ 大米洗净，用清水浸泡2小时；红枣去核，切成小块；益母草嫩叶洗净，切碎。

❷ 锅中加适量清水，倒入大米煮开，放入红枣块煮至粥呈浓稠状时，下益母草碎，略煮盛出，调入红糖拌匀。

养生功效

益母草具有活血、祛瘀、调经、消水的功效；红枣具有补虚益气、养血安神的功效。二者同煮为粥，能活血化瘀、补血养颜，可以在一定程度上改善妇女月经不调、痛经等问题。可适当在经期时服用，有缓解痛经的作用。

活血祛瘀，调经消水

调经活血+补充营养

鸡蛋麦仁葱香粥

健脑益智，延缓衰老

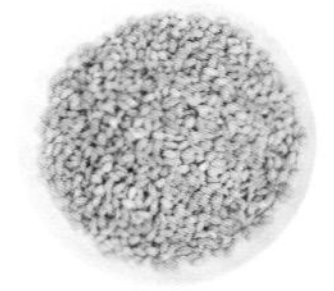

除热止渴，温中养胃

材料

鸡蛋1个，麦仁100克，盐、芝麻油、胡椒粉、葱花各适量。

做法

❶ 麦仁洗净，放入清水中浸泡；鸡蛋洗净，煮熟后切碎。

❷ 锅置火上，加入清水，放入麦仁，煮至粥将成。

❸ 再放入鸡蛋碎，加盐、芝麻油、胡椒粉调匀，撒上葱花即可。

养生功效

鸡蛋经常被人们称为“理想的营养库”，具有健脑益智、延缓衰老、保护肝脏、补充营养的作用；麦仁含有蛋白质、膳食纤维和矿物质。此粥可用于调经活血，还可用于缓解机体营养不良等问题。

镇静安神+美容养颜

牛奶鸡蛋小米粥

材料

牛奶50毫升，鸡蛋1个，小米100克，白糖、葱花各适量。

做法

❶ 小米洗净，浸泡1小时；鸡蛋煮熟后切碎。

❷ 锅置火上，加入适量清水，放入小米，煮至八成熟。

❸ 倒入牛奶，煮至米烂，再放入鸡蛋碎，加白糖调匀，撒上葱花即可。

养生功效

本品具有美容养颜、延缓衰老的作用，还能适当补充人体所需的蛋白质和矿物质。

止烦利尿+健脑益智

冬瓜蛋黄粥

材料

冬瓜20克，鸡蛋1个，大米80克，盐、葱花各适量。

做法

❶ 大米淘洗干净，放入清水中浸泡1小时；冬瓜去皮洗净，切小块；鸡蛋煮熟后切开，取蛋黄，切碎。

❷ 锅置火上，加入清水，放入大米，大火煮沸后转小火熬煮至七成熟。

❸ 再放入冬瓜块，煮至米稠瓜熟，放入鸡蛋黄碎，加盐调匀，撒上葱花即可。

养生功效

冬瓜有止烦渴、利小便的功效；鸡蛋含有丰富的营养，能健脑益智、延缓衰老。

清肝利胆+延缓衰老

鸡蛋生菜粥

材料

鸡蛋1个，玉米粒20克，大米80克，生菜30克，鸡汤200毫升，盐、葱花各适量。

做法

❶ 大米洗净，用清水浸泡1小时；玉米粒洗净；生菜叶洗净，切丝；鸡蛋煮熟后切碎备用。

❷ 锅置火上，加入适量清水，放入大米、玉米粒，煮至八成熟即可。

❸ 倒入鸡汤稍煮，放入鸡蛋碎、生菜丝，加盐调匀，撒上葱花即可。

养生功效

本品具有清热安神、清肝利胆、养胃的功效，适用于神经衰弱的人群。

哮喘

哮喘即支气管哮喘，以发作性喘息、气急、胸闷、咳喘等为主要特征，是一种常见的多发慢性气道炎症。支气管哮喘如诊治不及时，随病程的延长可产生气道不可逆性缩窄和气道重塑。

☺食材、药材推荐

饮食原则

☑ 润肺食物　☑ 清淡饮食　☑ 新鲜水果　☒ 多盐　☒ 高糖　☒ 生冷　☒ 辛辣　☒ 多油

症因解读

遗传是很多人患哮喘的原因，多数哮喘患者属于过敏体质，本身可能伴有过敏性鼻炎和特应性皮炎，或者对常见的经空气传播的变应原、某些食物、药物过敏。

症状表现

发作性的喘息、气急、胸闷或咳嗽等，少数患者还可能以胸痛为主要表现，患者接触烟雾、油漆、灰尘、花粉等刺激性气体或变应原之后发作。

护理指南

1. 摄入充足的蛋白质和铁。多吃瘦肉、动物肝脏、豆腐、豆浆等。

2. 多吃含维生素 A、维生素 C 及钙质的食物。

3. 增加液体摄入量。适当饮水，有利于痰液稀释，保持气道通畅。

4. 多食用菌类能调节免疫功能。香菇、蘑菇含香菇多糖、蘑菇多糖，可以增强人体抵抗力，减少支气管哮喘的发作。

食材、药材图典 • 莴笋

【别名】青笋、茎用莴苣、莴苣笋、莴菜、香莴笋。

【性味】性凉，味苦、甘。

【归经】入肠、胃经。

【功效】利尿，通乳，清热解毒。

【挑选】茎皮白绿色、粗短条顺、不弯曲、大小整齐者为佳。

健康小贴士

哮喘按摩疗法

两手掌紧贴肾俞穴，双手同时做环形按摩，共 32 次。如有肾虚腰痛诸症者，可适当增加按摩次数。

补中益气+增强体质

黑米核桃糊

材料

黑米70克，大米20克，核桃30克，白糖适量。

做法

❶ 黑米洗净，用清水浸泡 4 小时；大米洗净，用清水浸泡 2 小时；核桃用温水泡开备用。

❷ 将以上食材全部倒入豆浆机中，加水至上、下水位线之间，按下“米糊”键。

❸ 待米糊煮好后，倒入碗中，加入适量白糖，即可食用。

养生功效

此款米糊具有补中益气、增强体质、平喘止咳的功效，尤其适合哮喘患者食用。

滋阴补肾，延缓衰老

补脾止泻，养心安神

养心安神，润肺止咳

滋阴润肺+止咳平喘

莲杞百合米糊

材料

大米100克，莲子15克，枸杞子10克，百合20克，白糖适量。

做法

❶ 大米洗净，用清水浸泡 2 小时；莲子、枸杞子、百合分别用温水泡开；莲子去衣、去芯。

❷ 将以上食材全部倒入豆浆机中，加水至上、下水位线之间，按下“米糊”键。

❸ 豆浆机提示米糊煮好后，倒入碗中，加入适量白糖，即可食用。

养生功效

百合具有很好的滋阴润肺、止咳平喘的作用，可作为久咳者或哮喘患者的养生佳品。

补虚+缓解哮喘

豌豆小米豆浆

材料

豌豆30克，小米30克，黄豆50克，白糖适量。

做法

❶ 黄豆洗净，用清水浸泡 6 ~ 8 小时；小米洗净，用清水浸泡 2 小时；豌豆洗净备用。

❷ 将以上食材全部倒入豆浆机中，加水至上、下水位线之间，按下“豆浆”键。

❸ 待豆浆机提示豆浆做好后，倒出过滤，再加入适量的白糖，即可饮用。

养生功效

黄豆、小米都具有很好的补虚作用，两者还具有和中益气、活血化瘀的作用。此款豆浆尤其适合体虚型哮喘患者饮用。

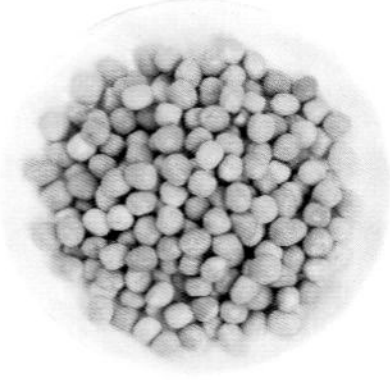

益中气，止泻痢

利尿通乳+宽肠通便

莴笋核桃豆浆

材料

莴笋30克，核桃15克，黄豆50克，白糖适量。

做法

❶ 黄豆洗净，用清水浸泡 6 ~ 8 小时；核桃用温水泡开；莴笋洗净，去皮，切成小块备用。

❷ 将以上食材全部倒入豆浆机中，加水至上、下水位线之间，按下“豆浆”键。

❸ 待豆浆机提示豆浆做好后，倒出过滤，再加入适量白糖，即可饮用。

养生功效

此款豆浆除了具有缓解咳嗽的作用，还具有利尿通乳、宽肠通便的功效。

消脂镇痛，安神益气

滋补肝肾，补气养血

糖尿病

糖尿病是一种以高血糖为特征的代谢性疾病。糖尿病是由胰岛功能减退、胰岛素抵抗等引发的糖、蛋白质、脂肪、水和电解质等一系列代谢紊乱综合征，以高血糖为主要特点，典型病例有多尿、多饮、多食、消瘦等。

☺食材、药材推荐

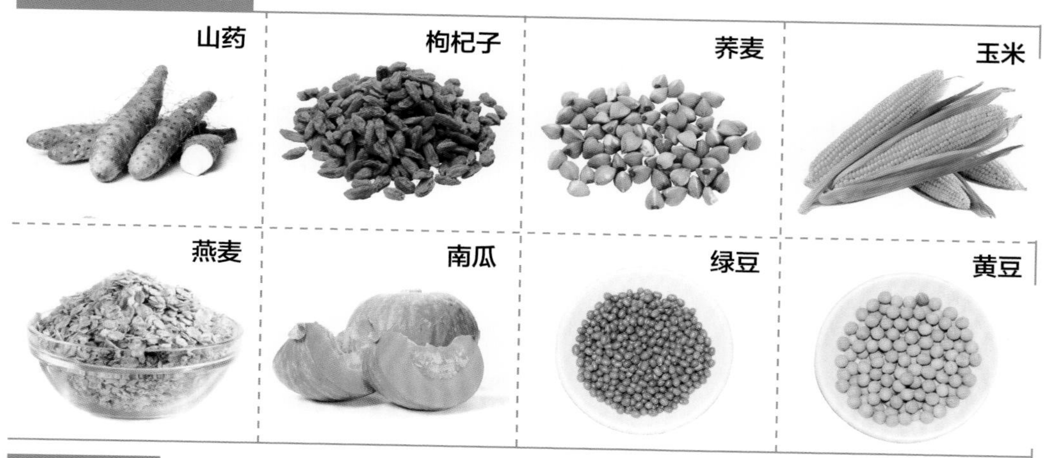

饮食原则

☑ 高纤维食物 ☑ 少吃多餐 ☑ 清淡饮食 ☑ 少碳水化合物 ☒ 高胆固醇 ☒ 动物油

症因解读

遗传、基因突变等都会导致糖尿病。某些病毒感染、进食过多、体力活动减少导致的肥胖都会引发糖尿病。

症状表现

严重高血糖时出现多饮、多尿、多食和消瘦的症状，一些糖尿病患者症状不典型，仅有头昏、乏力等，甚至无症状。有的发病早期或发病前阶段，可出现午餐或晚餐前低血糖症状。

护理指南

1. 菜肴丰盛，控制总食量。面对丰盛的菜肴，糖尿病患者应选少油少盐且清淡的食物。

2. 不可饭后多吃药。多吃药不但不会取得理想的效果，副作用也随之加大。

3. 饮食规律。“饥一顿，饱一顿”容易使血糖波动明显，必然会影响人体“生物钟”的规律。

4. 安全出行。如要外出旅游，事前必须到医院进行相关检查，包括空腹血糖、心电图等。

食材、药材图典 • 荞麦

【别名】乌麦、甜荞、三角麦。

【性味】性凉，味甘。

【归经】入脾、胃、大肠经。

【功效】健脾除湿，消积降气。

【禁忌】体虚气弱者、肿瘤患者、脾胃虚寒者慎食。

【挑选】颗粒饱满、大小均匀者为佳。

健康小贴士

糖尿病的运动疗法

一般推荐中等强度的有氧运动，如快走、打太极拳、骑车、打高尔夫球和园艺活动等，运动时间每周至少 150 分钟。

调节血糖+预防便秘

玉米燕麦糊

材料

玉米粒、生燕麦片各80克，白糖适量。

做法

❶ 玉米粒、生燕麦片分别用水淘干净，控干。

❷ 将以上食材全部倒入豆浆机中，加水至上、下水位线之间，按下“米糊”键。

❸ 待燕麦糊煮好后，倒入碗中，加入适量白糖，即可食用。

养生功效

此款玉米燕麦糊含有丰富的膳食纤维，不仅可起到调节血糖的作用，而且对便秘、心血管疾病也有一定的预防效果，具有促进肠道蠕动的作用。

延年益寿，消脂减肥

开胃利胆，通便利尿

降血糖+清热解毒

绿豆南瓜米糊

材料

绿豆50克，大米50克，南瓜80克，白糖适量。

做法

❶ 绿豆洗净，用清水浸泡6～8小时；大米洗净，用清水浸泡2小时；南瓜洗净，去皮去瓤，切成小块。

❷ 将以上食材全部倒入豆浆机中，加水至上、下水位线之间，按下“米糊”键。

❸ 米糊煮好后，加入白糖，即可食用。

养生功效

南瓜是高膳食纤维食物，具有养颜瘦身的功效；绿豆能清热解毒。二者同打为米糊可作为糖尿病患者的养生食品。

清热解毒，消暑开胃

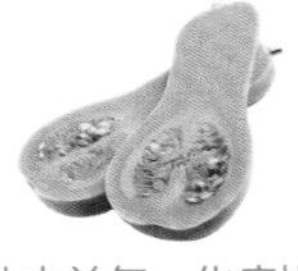

补中益气，化痰排脓

调节血糖+养胃和胃

山药豆浆

材料

山药50克，黄豆50克，白糖适量。

做法

❶ 黄豆洗净，用清水浸泡 6 ~ 8 小时；山药去皮，洗净，切成小块。

❷ 将以上食材全部倒入豆浆机中，加水至上、下水位线之间，按下“豆浆”键。

❸ 待豆浆做好后，倒出过滤，再加入适量白糖，即可饮用。

养生功效

此款山药豆浆，含有可溶性膳食纤维，可有效延迟胃中食物的排空速度，延缓饭后血糖升高，尤其适宜糖尿病患者饮用。常喝此款豆浆能改善胃肠道不适。

宽中下气，补脾益气

滋补肝肾，补益精血

健脾消食，解毒敛疮

调节血脂+预防糖尿病

枸杞荞麦豆浆

材料

枸杞子15克，荞麦30克，黄豆50克，白糖适量。

做法

❶ 黄豆洗净，用清水浸泡 6 ~ 8 小时；荞麦洗净，用清水浸泡 4 小时；枸杞子用温水泡开备用。

❷ 将以上食材全部倒入豆浆机中，加水至上、下水位线之间，按下“豆浆”键。

❸ 待豆浆机提示豆浆做好后，倒出过滤，再加入适量白糖，即可饮用。

养生功效

此款枸杞荞麦豆浆除了可调节血脂，还可起到预防糖尿病并发症的作用。

缓解糖尿病+调节高血压

山药枸杞粥

材料

山药50克，枸杞子15克，糙米100克，盐适量。

做法

❶ 糙米洗净，用清水浸泡 2 小时；枸杞子温水泡开；山药去皮，洗净，切块。

❷ 锅中加水，大火烧开，倒入糙米和山药块同煮，边煮边搅拌。

❸ 待食材煮沸后，加入枸杞子转小火慢熬至粥黏稠，再加入适量的盐调味，继续熬煮 5 分钟后，将粥倒入碗中，即可食用。

养生功效

此款山药枸杞糙米粥不仅起到缓解糖尿病的作用，而且对心血管疾病、高血压等症也有一定的预防作用。本品适合脾胃功能比较弱的患者食用。

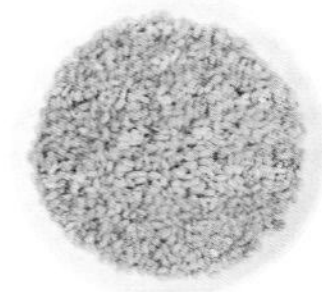

补中益气，调和五脏

止咳平喘，润肠通便

补中益气，健脾养胃

健脾养胃+补虚补肾

山药杏仁大米粥

材料

山药80克，杏仁20克，大米100克，白糖适量。

做法

❶ 大米洗净，用清水浸泡 1 小时；山药洗净，去皮，切成小块；杏仁用温水泡开，去衣。

❷ 锅中加水，大火烧开，将所有食材一同倒入锅中，边煮边适当翻搅。

❸ 待食材烧开后，转小火继续慢熬至粥黏稠，加入适量白糖调味即可。

养生功效

本品中的山药有助于健脾养胃、补虚补肾；杏仁则具有宣肺止咳、祛痰下气的功效。本品适合脾胃功能较弱的人群食用。

动脉硬化

动脉硬化是动脉的一种非炎症病变，可使动脉管壁增厚、变硬、失去弹性，也是随着年龄的增长而出现的血管疾病，通常在青少年时期发生，至中老年时期加重、发病。本病近年来在我国逐渐增多，成为老年人死亡的主要原因之一。

☺食材、药材推荐

栗子

黄豆

大蒜

黄瓜

苋菜

莲藕

蜂蜜

玫瑰花

饮食原则

☑ 清淡饮食 ☑ 维生素 C ☑ 含镁食物 ☑ 含碘食物 ☒ 高油 ☒ 多盐 ☒ 高胆固醇

症因解读

引起动脉硬化的重要因素是高血压、高脂血症、抽烟。另外，肥胖、糖尿病、高龄、家族病史、脾气暴躁等也会引起动脉硬化。

症状表现

早期大多数患者病情都处在隐匿状态下潜伏发展。中期大多数患者会有心悸、胸痛、胸闷、头痛、头晕、四肢凉麻、四肢酸软、跛行、视力降低、记忆力下降、失眠多梦等症状。

护理指南

1. 减少食物中动物脂肪和蛋白质的摄入，多食用植物蛋白，每次进餐都要严格控制肉类摄入。

2. 减少胆固醇的摄入量，减少食盐摄入量。少吃肝、肾以及其他动物内脏。

3. 不食或少食奶油、糖果或酸味饮料，少吃甜食，少吃精制糖。

4. 多吃蔬菜、水果、高纤维食物，补充维生素。在日常生活中，不宜喝酒、吸烟。

食材、药材图典 • 大蒜

【别名】蒜、蒜头、独蒜。

【性味】性温，味辛。

【归经】入脾、胃、肺经。

【功效】解毒杀虫，消肿止痛，止泻止痢。

【禁忌】阴虚火旺及慢性胃炎患者慎食。

【挑选】以大头红衣、外皮完整者为佳。

健康小贴士

动脉硬化按摩疗法

取坐位，以双手拇指分推印堂至太阳穴，揉眉弓。后四指分开，沿头正中线分搓，使有热感。再以两手捏拿风池、肩井穴。

调节胆固醇+养胃健脾

栗子豆浆

材料

栗子50克，黄豆50克，白糖适量。

做法

❶ 黄豆洗净，用清水浸泡6～8小时；栗子去壳，取肉，切成碎块备用。

❷ 将以上食材全部倒入豆浆机中，加水至上、下水位线之间，按下“豆浆”键。

❸ 待豆浆做好后，倒出过滤，再加入适量白糖，即可饮用。

养生功效

栗子性温，味甘，具有养胃健脾、补肾强筋、活血止血的功效。此款栗子豆浆中所含的不饱和脂肪酸，可起到调节胆固醇及维持动脉血管弹性的作用。栗子是不太好消化的食物，建议适量食用。

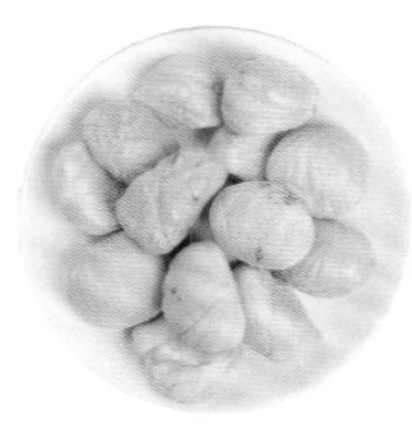

益气补脾，强筋健骨

杀菌消炎，预防疾病

软化血管+预防肿瘤

大蒜粥

材料

大蒜30克，大米100克，盐适量。

做法

❶ 大蒜去皮，洗净，拍碎；大米洗净，用清水浸泡1小时。

❷ 锅中加水，大火烧开后倒入大米和蒜瓣，边煮边搅拌。

❸ 待大米煮开后，转小火继续熬煮半小时，加入适量的盐，待盐溶化后，将粥倒入碗中，即可食用。

养生功效

大蒜性温，味辛，具有温中消食、行滞气、暖脾胃、消积、解毒、杀虫的功效。此款大蒜粥可以在一定程度上软化血管，比较适合急、慢性痢疾患者食用。